공원주의자

# 공원주의자

도시에서 초록빛 이야기를 만듭니다

**온수진 지음**

# 도시에서
# 초록빛 이야기를
# 만듭니다

가을에 뉴욕을 다녀왔습니다. 2010년 봄에 처음 방문했으니 13년 만이었죠. 그사이 많은 변화가 있더군요. 당시 1단계 구간만 개방되었던 하이 라인High Line은 3단계까지 모두 개방되었고, 허드슨 야드Hudson Yards 주위론 마천루들이 하늘을 찔렀습니다. 맨해튼 섬 좌·우측 두 강을 따라 조성된 허드슨 리버 파크Hudson River Park와 브루클린 브리지 파크Brooklyn Bridge Park는 더 완전해져 뉴요커의 큰 사랑을 받더라고요. 허드슨 강에 면한 인공섬인 리틀 아일랜드Little Island는 깜짝 놀랄 기부액에 부합하는 깜찍 그 자체고, 배터리 파크Battery Park 너머 거버너스 아일랜드Governors Island는 오랜 군 시설임에도 한없이 너그러웠습니다. 보행자와 자전거에게 아낌없이 공간을 내준 브로드웨이도 인상적이었지만, 'Open to Public'이라는 간판을 내걸고 대형 빌딩의 자투리땅을 공공에 아낌없이 내준 모습은 뉴욕을 왜 '도시의 수도'라 부르는

지 납득되었죠. 화창한 주말 맨해튼을 북에서 남으로 센트럴 파크 – 브라이언트 파크 – 매디슨 스퀘어 파크 – 유니온 스퀘어 – 워싱턴 스퀘어 파크를 순서대로 가로지르니, 코로나19와 함께 들이닥친 팬데믹을 거치며 공원에 대한 애착이 커진 사람들 표정이 눈에 가득 들어왔습니다.

『2050년 공원을 상상하다』를 발간하고 뒤이어 서울시에서 양천구로 옮긴 지도 벌써 3년입니다. 그간 상상만 해오던 걸 현장에서 직접 실행해내는 행복한 시간이었죠. 새로운 공원을 만들고 노후된 공원을 리노베이션하고 공원에 작은 도서관·전시관·미술관을 건립하고 놀이터를 만들고 물놀이장을 설치하고 산책로를 깔고 반려견 놀이터를 조성하고 맨발 황토길을 늘리고 정원을 가꾸고 벤치를 놓고 안내판을 교체했습니다. 공원에 더 많은 문화를 담고 체육을 장려하고 놀이를 가꾸고 어르신을 모시고 장애인을 배려하고 각 분야의 자원봉사자를 육성했고, 숲을 가꾸고 나무를 심고 동물을 돌보고 텃밭을 확장하고 반려식물을 권하는 한편, 재난을 예방하고 피해를 복구하고 산불에 대비했지요. 수준 높은 지역의 비전과 수많은 민원인의 요구와 숙고하는 직원들의 의견을 버무려 초록빛 도시를 만드는 일은 한편 버겁지만, 그 자체로 빛나는 일입니다.

작년 봄부터 신문 지면을 얻게 되면서 앞선 실행들을 되새김하는 기회까지 갖게 됐습니다. 행운이었죠. 다만, 공원주의자의 지면誌面이므로 지면紙面을 넘어 지면地面에 닿길 바랐습니다. 작가도 연구자도 아니라 유려한 운율과 깊은 이론은 없으니 늘 현장에서 이야기를 엮어야 했습니다. 그러지 않으면 아예 이야기가 되지 않더군요. 다행히 현장은 도처에 있었고, 현장을 글로 풀어내기 위해서는 현장에 자주 그리고 오래 머물러야 했습니다. 그렇게 현장에서 만난 초록빛 조각들을 모아 이야기를 만들 수 있었습니다. 조악한 실력이지만 나무를 심고 가꾸는 마음으로 1년 반이란 시간을 이어 나간 거죠.

눈에 보이는 모습만으로는 팬데믹 이전인 4년 전으로 되돌아간 듯싶지만, 그사이 많은 변화가 있었음을 여러 측면에서 공감하실 겁니다. 꽤 희망이 보였던 그때와 비하면 지금은 많은 위기들이 실감되니까요. 기후 위기는 마치 공기처럼 느껴집니다. 언제 어디에나 있으니 외려 둔감해질 정도죠. 분명한 해결책은 당장 방향을 전환하는 것이겠지만, 치킨 게임이 되어버려 더 예민하고 더 애정어린 그룹이 질 수밖에 없는 것이 현실입니다. 과학의 문제가 가치관의 문제로 뒤바뀐거죠. 계층, 세대, 이념, 지역 간의 대립은 극단으로 치달으며 사회적 신뢰의 위기로 내몰고 있습니다. 어쩌면 기후 위기보다 공동체에 대한 신뢰가 무너지며 생겨나는 무기력함이 더 큰 위기일 수도요. 하지만 포기하긴 이릅니다. 희망을 가져야죠. 희망을 이야기하는 이유는 희망을 이야기해야만 하기 때문입니다. 아무리 생각해도 포기할 수 없기 때문이죠. 나만의 문제라면 포기할 수도 있겠지만, 어떻게 봐도 나만의 문제일 순 없습니다. 나와 가족, 동네와 도시, 지역과 국가, 지구의 문제이기도 하거니와 사람만이 아닌 동식물과 수많은 생물종의 문제니까요.

도시에서 초록빛 공원이 만드는 희망이 도드라지는 지점도 이 위기의 틈바구니일 것입니다. '공원주의자'부터 마지막 글인 '슬기로운 공원생활'까지 1년 반 동안 국민일보에 게재하고 다시 손을 봐 이 책에 수록한 글을 통해, 이러한 위기의 틈을 비집고 오르는 초록빛 이야기를 전하고 싶었습니다. 초록빛 희망이 차고 넘쳐 도시를 가득 채우는 이야기들이죠. 짙은 위기 속에서도 우리의 도시를 초록빛 미래로 이끌고 갈 수 있는 건 오로지 '이야기'고, 함께 꿈꾸는 도시만이 확실한 우리의 미래일 것입니다.

차례

# 공원주의자

관악산서 나고 자랐다. 커선 인왕산, 낙산, 남산을 거쳐 북악산 자락에 산다. 밥벌이로 평생 난지도, 남산, 노들섬, 관악산, 서울역 고가 등을 떠돌며 산과 숲과 공원과 정원을 만들고 가꾸다보니, 세상 모든 일에 꽃과 나무로 잣대를 삼는 공원주의자가 되었다. 일견 우아할 것 같지만 물밑에선 늘 치열하고, 작은 싸움과 큰 전쟁이 난무하는 그 틈바구니에서만 꽃이 피고 열매 맺는다는 걸 배웠다. 하긴, 도시의 그 날것이 매력이다.

세상 모든 도시는 강을 품고 그것으로 도시를 표상하지만, 서울은 '(한)강의 도시' 이전에 '산의 도시'다. 조선조 서울의 경계가 내사산이었고, 대한민국 서울의 경계가 외사산일 정도다. 도시가 온통 울룩불룩 언덕과 산으로 가득하며 그 사이사이 물이 흘러내린다. 서울뿐인가, 어릴 적 국토의 70%가

산이라 배웠고, 그 사이 5% 이상 잃어버렸지만, 지금도 가히 산의 나라다.

국립공원이든 도립공원이든 도시공원이든 우리가 산이라 부르는 대부분은 공원이다. 경복궁, 덕수궁, 창덕궁 등 모든 궁궐도 공원이다. 한강도 중랑천도 안양천도 양재천도 영락없이 공원이다. 풀 한 포기 꽃 한 송이 심긴 정원이나 가로수 한 그루도, 작은 녹지부터 산과 강변과 공원까지도 법은 숲으로 분류한다. 산과 숲과 공원과 정원이 모두 한 부류고, 공원주의자의 눈엔 모두 공원이다.

코로나가 번성하니, 사람이 사람을 떠나 공원으로 숲으로 산으로 강으로 흩어졌다. 집에 틀어박혀서도 작은 정원과 발코니 같은 야외공간을 동경하고, 반려식물이나 플랜테리어와 함께 숨쉬려 애쓴다. 공원주의자는 공원의 주인인 하늘과 바람과 물과 흙과, 꽃과 나무와 새와 곤충 등 모든 자연과 생명을 조화롭게 보살핀다. 더불어, 손님임에도 자신이 주인인줄 착각하는 사람들이, 도시의 환란을 잠시 피해 공원에서 편안하게 머물고 산책하며 행복할 수 있도록 애쓴다. 앞으로 이 지면에서 그 보살핌과 애씀의 질곡을 조금 보이려 한다. 공원주의자가 살며 사랑하는 흔적이다.

# 너구리에게

겨울잠은 잘 잤는지? 겨우내 날씨가 그리 춥지 않아 자다 깨다 했을 듯. 지난 가을 지양산 자락서 마주쳤을 때, 눈을 동그랗게 뜨고 날 바라보던 네가 떠올랐어. 참, 그 후 그 부근서 맛난 먹이에 섞어 흩어 뿌려둔 약 혹시 먹었니? 너희 식구들이 조금 늘어나 간혹 마주치다 보니, 사람들이 혹여 너희들 때문에 광견병 걸릴까 걱정하길래 고육지책을 낸 거니 이해해줘.

너희들이 겁이 많아 사람에게 공격적이지 않다는 건 잘 알지만, 사실 반려견이나 길냥이들 만나면 까칠하게 구는 건 맞잖아. 지난 가을 연의공원서 길냥이들 밥 뺏어 먹다 캣맘들에게 혼나기도 했지? 겨울잠 잘 너희들도 많이 먹어야 하는데, 길냥이만 챙기는 것 아니냐며 캣맘들 원망은 마. 자연 속에서 누가 더 배고프고 힘든지 두루 잘 헤아려 돌보기란, 솔직히 좀 어려워. 겨우내 몰려다니는 참새나 뱁새들도 겨울 지나면 삼분지 일은 영양 부족으로 얼어죽는데 누가 챙겨주기나 해? 위기종이니 기념물이니 크고 화려한 친구들은 이래저래 챙겨도 말이야.

지난달이었나, 해외에서 불법 유통되는 야생동물에서 코로나19처럼 사람에게 유해한 바이러스들이 잔뜩 검출됐다는 뉴스를 봤어. 새로운 소식처럼 보이지만 늘 존재해 왔던 현실은 외면하고, 사람이 만든 문제를 죄 없는 동물에 덮어씌우는 익숙한 방식이지. 요즘 너희에게 거의 학살에 가까운 대접을 한다는 북유럽도 사실 동아시아에서 내내 잘 살던 너희들을 100년 전 가죽 얻겠다고 동유럽으로 데려갔다 퍼져나가 생겨난 결과잖아.

여하간 새봄 오니 좋네. 막바지 기승을 부리지만 팬데믹도 끝이 보이는 것 같고. 연의공원 미루나무에도 물이 오르고 있어. 새봄에는 서로의 자리를 잘 지켜, 우리가 서로 좀 덜 마주치도록 노력할게. 숲은 더 풍요롭게 가꾸고 사람 욕심만 챙겨 무분별하게 설치한 샛길도 시설들도 조금씩 걷어내고 봄맞이 줍깅 대청소도 하면서 말이야. 마주치지 못해도 좋지만, 건강히 잘 지내. 안녕.

# 미루나무를 바라보는 법

서울 서쪽 끝자락 연의공원에 건물을 하나 짓고 있다. 건축은 대개 자연을 파괴하는 경우가 많아 저어하는데, 다행히 자연을 지키는 망루 역할의 건물이라 힘이 났다. 작년 봄 설계를 앞두고 현장을 가니 하늘로 두 팔을 펼쳐 든 미루나무 다섯 그루가 서 있었다. 늘씬 늠름한 멋진 녀석들이라 한눈에 반했다. 미루나무는 중심가지 없이 잔가지들이 길어지며 자라는 덕분에 사람이 타고 오르기 어려워 까치가 집짓기를 좋아하는데, 아니나 다를까 두 가족이나 입주해 있었다. 무조건 이 나무들이 주인공이 되어야 했다. 건축가도 깊이 공감해 주셔서, 나무를 비껴 건물을 앉히고 건물 층층마다 다른 높이에서 높다란 미루나무를 바라보는 법을 상상해 주었다.

집 근처 경복궁 동십자각 옆 아름드리 거목도 까치집을 이고 인도 한가운데 우뚝 서 있는데, 같은 미루나무다. 지날 때마다 슬쩍 쓰다듬으며 인사드린다. 처음 우리나라에 이주한 100년 전까지 거슬러 올라가는 연배는 아니지만 서울선 최고참이다. 20세기 초부터 심어진 포플러나무 식구 중, 미국서 건너온 버드나무를 미류美柳나무라 했고(나중에 미루나무로 변경), 유럽(서양)에서 온 버드나무를 양버들이라 부르며 무척 심었다. 옛 시골 신작로에 꼭 싸리 빗자루 거꾸로 세워놓은 듯 높다란 나무들이 양버들이다.

나무도 유행이 있어 이후 친척뻘인 현사시, 은사시 등 사시나무들도 많이 심었지만, 암나무에서 봄마다 솜털 달린 씨앗이 날려 알레르기를 유발한다고 오해해 대거 베어냈다. 그러곤 한동안 잊었다. 21세기 들어 여기저기 레트로가 유행이더니 다시 심어 재발견한 곳이 선유도공원이다. 이곳엔 미루나무와 양버들 둘 다 산다. 미루나무는 잔디마당에 줄지어 서 하늘 높은 줄 모르고, 한강변 데크를 뚫고 올라온 양버들은 하늘마저 꿰뚫을 기세다. 이후 연의공원을 비롯한 우리 주변, 특히 한강과 지천 둔치 곳곳에 심겨 하늘 높이 자라고 있다. 우리가 바라봐주길 기다리면서.

# 할머니 조경가

'우리나라 최고의 조경가?'라는 질문을 받으면 고민 없이 정영선 조경가를 꼽는다. 전문가들 사이에서도 이견이 없는 편. 4.19 당시(87년이 아니라 60년이다!) 대학 초년생으로 서울역 집회를 생생히 회고하실 정도인 데다, 조경 입문 50년째로 현재 팔순이 넘은 현역 '할머니 조경가'다. 이름은 처음 들어볼 수 있겠지만, 선유도공원은 누구나 한번쯤 들어봤을 듯. 외에도 아시아공원, 파리공원, 희원, 양재천, 청계광장, 여의도샛강, 세종호수공원, 서울식물원 등 그의 손을 거친 공공공간은 헤아릴 수 없다. 특히, 목동 파리공원은 1987년 작품인데, 그의 원작을 40년 후배 조경가들이 재해석해 2022년 재개장했다.

'우리나라 최고의 공원?'이라는 질문에는 보통 "나와 가까운 공원"이라 답하지만, 재차 물으면 역시 정영선 조경가의 선유도공원을 꼽는다. 모든 역사에 변곡점이 있겠지만, 한국 공원 역사에 가장 두드러진 변곡점은 선유도공원이고, (내가 꼽는) 이 섬 최고의 공간은 '녹색기둥의 정원'이다. 공원이 자연을 만드는 것으로 오해하지만, 기실 자연을 재료로 특별한 (사람의) 공간을 만드는 것인데, 거대한 지하수조의 상판이 걷히고, 상판을 받쳤던 30개 콘크리트 기둥이 남아 초록빛 나무로 바뀌어 가는 역설적 시공간은 특별함 그 자체다.

10년 전 선유도공원 소장 시절, 설계자인 정영선 조경가를 자주 괴롭혔다. 준공 후 10년간 왜곡된 공간을 바로잡기 위해서였다. 본인이 설계한 자식(공원)을 끔찍이 아끼시기에 오실 때마다 늘 공원을 뱅뱅 도시면 따라 다니며 배웠다. 그 배움이 쌓여 지금도 그 섬의 시간이 선명하다. 전시관 앞 복수초와 깽깽이풀은 이미 졌고, 산수유와 홍매가 한껏 화려할 것이다. 한강변 복사나무숲은 쇠락했지만 강건한 살구나무숲은 살아남아 늦은 봄비로 꽃망울을 한껏 부풀릴 것이다. 그 화사한 빛깔을 질투해 강 건너 여의도 벚꽃은 마주 선 선유도 살구꽃보다 일찍 피어나려 무지 애쓸 것이다.

# 꽃세권

역세권으로부터 진화한 조어가 슬세권, 숲세권, 공세권, 맥세권, 스세권, 몰세권, 올세권까지 끝 간 데 없다. 자기 삶터를 꼼꼼히 살피고 사랑하고 싶다면, 꽃세권도 좋겠다. 간혹 걷다가 만난 꽃에서 봄을 확 느끼는 경우가 있는데, 목련이 대표적이다. 크고 탐스런 꽃이 가득 핀 목련을 딱 마주치면 봄이 훅 들어옴을 느낀다. 산수유 그 참하고 또 노란 꽃이나, 짙은 향기로 먼저 고개를 들게 하는 매화도 그렇다. 그 뒤를 잇는 건 살구꽃과 벚꽃과 개나리, 철쭉에 라일락(수수꽃다리)이고, 화려한 장미에, 고봉밥 같은 이팝나무 가로수 흰 꽃이 흐드러지면 봄이 다한다. 산자락과 이어진 동네라면, 생강나무와 진달래와 조팝, 산벚과 철쭉을 지나 아카시아(아까시나무) 향기를 맡으면 이내 여름인 셈. 이렇게 동네마다 지도와 달력과 향기를 엮으면, 입체적 꽃세권이 만들어진다.

우리 동네는 최근 봄꽃 명소가 추가됐는데, 안국동 옛 풍문여고 자리에 문을 연 서울공예박물관 마당이 바로 그곳이다. 커다란 매실나무 열여섯 그루가 새로 자리 잡았는데, 이른 봄 매화가 만개한다. 마당이 온통 환하고 향기가 넘실댈 정도. 재동 윤보선 가옥은 꽃이 넘쳐 담장 밖도 꽃세권인데, 홍매가 봄을 열면 온갖 꽃들이 흐드러지고, 여름라일락이라 불리는 개회나무 꽃향기로 봄을 닫는다. 그 사이 감사원 벚꽃놀이도 다녀와야 하고, 경복궁, 창덕궁에, 정독도서관, 원서공원까지, 참, 조금 멀어도 덕수궁 석어당 살구꽃은 잊지 말아야 한다. 와룡공원 주위 아까시나무 꽃이 피면 이젠 사라진 성 너머 집을 아쉬워하며 봄을 떠나보내는 식이다.

겨울 가뭄이 깊어 첫 봄소식을 알리던 매화나 산수유는 3주가량 늦었지만, 벚꽃과 함께 봄이 본격 시작된다. 여의도, 남산, 석촌호수, 안양천 등 유명한 벚꽃 명소도 좋겠지만, 팬데믹의 막바지 파고도 감안해 동네 구석구석 꽃세권을 분석해보는 것도 좋다. 벚꽃 말고도 철모르고 두서없이 피어날 봄꽃들 이름도 불러주고, 지도와 달력에 기록해도 좋겠다. 그렇게 꽃세권에 살자!

# 나무를 미워하는 마음

식목일을 앞두고 안양천과 신정산에 나무를 제법 심었다. 나무를 심을 때 예전에는 밝은 희망만 느꼈다면 요즘은 외로움이나 무기력도 조금 든다. 깊은 그늘을 드리우는 기후위기가 주된 이유지만, 나무를 미워하는 마음을 만날 때가 종종 있어서다. 이유는 여러 가지다. 장사도 어려운데 나무가 간판을 가린다, 나무 때문에 그늘져 음습하고 전망이 답답하다, 모기 같은 벌레가 꼬인다, 길도 좁은데 나무 때문에 더 좁다, 나무가 커지면서 낙엽이 감당하기 어려울 정도로 많다, 높은 데서 가지가 떨어져 위험하다, 열매에서 고약한 냄새가 난다, 심지어 나무가 커 재건축이 어렵다 등등.

사람과 나무가 가까워 생기는 문제다. 나무 위에 집을 짓는 나라도 있다지만 우리는 전통적으로 집과 나무에 거리를 뒀다. 한옥이 습기에 약해 그늘을 멀리했고, 담장을 해하는 뿌리도, 기와로 떨어지는 낙엽도 지양했다. 그래서 마당을 두고 건너에 화계나 동산을 만들어 정원이나 숲을 자연스레 꾸몄다. 뭇 생명과 습도와 바람까지 고려한 거리두기다. 그러다 도시화가 심해지며 아파트와 건물을 무작스레 지었다. 나름 나무도 열심히 심었다. 시간이 흐르며 나무는 위로 또 옆으로 훌쩍 커졌고 그사이 건물도 숫자와 몸집을 키웠다. 덕분에 사람과 나무가 너무 가까워졌다.

나무를 미워하는 마음은 나무 때문이 아니다. 나무가 간판을 가리는 것이 아니라 보도 폭이 턱없이 좁은 것이다. 대부분 문제는 충분한 거리를 두지 못한 탓이다. 도시 공간을 잘 활용하지 못하는 탓이고 제대로 미리 관리 못한 탓이다. 그러다 터져버리기도 한다. 오래된 아파트를 재건축하면 한껏 자란 나무는 전부 소거된다. 모두 알지만 쉬쉬하는 문제다. 사업자가 홀로 감내하기보다 함께 대응해야 한다. 최대한 현장에 보전하고 외에는 모두 이식해야 한다. 추가 비용은 헤아려 공공에서 보전해야 한다. 나무는 공공재이기 때문이다. 적정한 거리를 두고 또 협력한다면 나무를 미워하는 마음은 자랄 틈이 없다.

# 꿀벌이 지키는 도시

새 단장을 마친 신월동 꿀벌어린이공원에는 늘어선 살구나무가 만개해 주변을 압도했다. 살구꽃 필 무렵부터 꿀벌 활동이 왕성해지는 시기니, 이름을 참 잘 지었다 싶다. 요즘 꿀벌이 핫하다. 2021년 12월부터 해남, 창녕 등 남부지방에서 보고되던 '꿀벌 실종'이 전국으로 확대되면서 100억 마리 넘는 꿀벌이 실종됐다. 직접 원인으로 기생충인 꿀벌응애류와 천적인 말벌류, 살충제 등이 언급되지만, 이상한 날씨, 즉, 따뜻하고 눈이 없는 겨울, 빨리 또 한꺼번에 피는 꽃과 열대성 잦은 비와 종잡을 수 없는 기온까지 장착한 봄, 그리고 이내 들이닥치는 여름 무더위까지. 이상함을 넘어 이젠 뉴노멀로 인식되는 기후변화, 기후위기 현상들이 주범으로 지목된다.

팬데믹을 거치면서 생태계, 즉 지구 생명체들 사이에 촘촘하게 얽혀진 그물망의 조화와 균형이 중요하다는 걸 뼈저리게 느꼈다. 꿀을 못 먹을까 걱정이 아니라 생태적 안전망의 작은 균열이 자칫 치명적 비극으로 또다시 이어질까 걱정하는 것이다. 꿀벌이 '생태계의 카나리아'라 불리는 이유고, 꿀벌 실종에 우리가 이토록 예민한 이유다. 지방 양봉농가뿐 아니라 도시도 마찬가지다. 도시의 식물도 열매를 맺어야만 살아남고, 그 열매를 나누며 다른 생태계 구성원들이 살아간다. 꿀벌이 도시에 꼭 필요한 이유다.

서울 주변 산자락에 아카시아 꽃(아까시나무)이 만개하면 드럼통 가득 향긋한 꿀을 채취하던 이동식 양봉은 진즉 사라졌다. 속성수로 산림 녹화에 혁혁한 공을 세운 아까시나무 숲이 늙어 참나무 숲으로 바뀌었기 때문이다. 그렇게 도시숲은 더 건강해졌고, 거리와 공원과 강변에 심은 꽃과 나무도 늘어갔다. 게다가 농약을 거의 쓰지 않으니 도시는 꿀벌이 살만하다. 도시양봉조례를 만들고, 구석구석 밀원식물을 심고, 사람과 공존 가능한 벌통을 놓고, 또 도시양봉가를 양성해야 한다. 꿀벌을 지키면, 꿀벌이 다시 도시를 지킬 것이다. 꿀벌이 지키는 도시가 기후위기에서 모두를 지킬 것이다.

# 잔디밭에 들어가시오

손흥민 선수의 호쾌한 무릎 슬라이딩 세리머니를 볼 때마다 잔디와 맞닿는 그 감촉을 상상한다. 어떤 다른 공간과 물질이 그 여린 신체의 거친 동작을 받아줄 수 있을까? 기억해보면 '잔디밭에 들어가지 마시오'가 일상이었고, 선을 넘으면 경비 아저씨가 호각을 불며 쫓아왔다. 늘 맨땅에서 뛰놀다 넘어져 무르팍 까지며 철이 들었지, 잔디를 한껏 밟아본 기억이 없다. '저 푸른 초원 위에 그림 같은 집'은 이상향이고, 현실은 비탈진 시멘트 동네와 후미진 뒷동산이었다. "잔디는 하루 2~3회 밟아주어야 더 잘 자란다"는 지도교수님 강의를 듣고 얼마나 경악했는지. 늘 금지당해 왔기에 기성세대들이 마음껏 잔디를 즐기는 골프에 더 열광하는 건 아닐까?

잔디밭에 대한 금기가 풀린 건 2002년 월드컵 열기를 타고 2004년 서울광장이 오픈하면서다. 시청 앞 X자형 도로를 없애고 1만3천㎡의 광장을 만들 때, 중앙 절반을 '저 푸른 초원'으로 꾸몄다. 거친 한국잔디가 아니라 국제 규격 축구장이나 골프장 '그린'에 쓰는 양탄자 같은 서양잔디(켄터키 블루그래스)였다. 부드럽고 탄탄하고 시원한 그 잔디밭에 퇴근 무렵 노을이 깔리면 그림처럼 앉아 담소하는 직장인들 주변에 앉곤 했다. 엔데믹을 기다린 또 하나의 이유다.

회사 앞 양천공원에는 누구나 들어가 뛰놀 수 있는 4천㎡ 잔디광장이 있다. 공원 리노베이션 과정에서 기존 아스팔트 바닥을 잔디로 바꾼 것. 누구나 좋아할 것 같지만 우여곡절이 컸다. 잔디가 죽는다, 행사하기 불편하다, 관리비가 많이 든다 등등. 상상이 현실이 되자, 변화가 소용돌이쳤다. 누구나 즐기는 '저 푸른 초원'이 된 것이다. 작년 내내 걸음마에 공놀이에 배드민턴에 뜀박질에 심지어 선탠까지. 공원 인기의 척도인 노점상도 종종 출몰한다. 새봄, 잔디 새순이 나오는 시기라 한 달간 막았다 다시 문을 연다. 잔디밭에 들어가는 건 가장 원초적인 자연과의 접촉이고 연결이다. 공원에 잔디밭을 더 만들고 다 개방해야 하는 이유다.

# 프레더릭 로 옴스테드

세계 최초 공원으론 1847년 개장한 영국 리버풀의 버컨헤드 파크를 꼽는다. 물론 런던에는 1637년 하이드 파크를 필두로 그린 파크나 세인트제임스 파크 등 왕실 사냥터를 시민에게 개방한 왕립공원이 있었지만, 어디까지나 왕의 소유지고 왕궁 주변에 국한되었다. 18세기 중반부터 산업혁명으로 도시 인구가 급증하고 노동자의 생활 및 주거 환경이 극히 열악한 상황에서 발생한 1832년 콜레라 대유행은 도심 공중위생에 대한 경각심을 한껏 높였다. 1933년 영국의회에서 처음 공원의 필요성을 지적했고, 런던 노동자 주거지역에 적어도 다섯 개의 공원이 필요하다고 권고했다. 이러한 움직임이 전국으로 확산되어 1847년 리버풀 인근 신흥도시였던 버컨헤드 시에 시민공원이 처음 문을 연 것이다.

미국 뉴욕의 젊은 농장주 프레더릭 로 옴스테드Frederick Law

Olmsted(1822~1903)는 1850년 영국 여행 첫 기착지인 리버풀 항에 도착해 운명적으로 버컨헤드 파크를 만난다. 그는 공원이 가진 높은 기술 수준과 다양한 계층이 격의 없이 어울리는 모습에 충격을 받고, 민주주의 국가인 미국에 이러한 시민의 정원People's Garden이 생겨야 한다고 주장한다. 1851년 뉴욕시는 '모든 사람이 즐길 수 있고 시의 자랑이 되는 공원을 설치해야 한다'고 제안하고, 시의회는 공원법을 제정함으로써 본격적인 뉴욕의 대표 공원 프로젝트가 시작된다. 1853년 대상지가 결정되고 1857년 공원 설계공모 당선자로 옴스테드와 건축가 캘버트 복스Calvert Vaux가 선정되어, 지금도 세계 최고 공원으로 손꼽는 센트럴 파크(면적 3.4km²)가 1873년 개장된다.

'지금 이곳에 공원을 만들지 않는다면 100년 후에는 이만한 넓이의 정신병원이 필요할 것'이라는 옴스테드의 말은, 살인적인 노동 시간과 대기 오염, 말로 표현하기 어려운 열악한 생활환경에다 전염병까지 횡행하던 당시 모습에서 기인한다. 2022년 4월 26일은 옴스테드가 태어난 지 200년 되는 날이었다. 팬데믹을 거치면서 공원을 재발견한 우리 모습에서 그가 겹쳐 보인 연유다.

# 어린이공원의 딜레마

100년 전에 어린이날을 5월로 정한 이유를 찾다가 "하늘이 유난히 좋고, 햇볕이 유난히 좋고, 공기가 유난히 좋아 '조선의 새싹'인 어린이가 5월의 자연처럼 힘차고 건강하게 커나가길 기원"했다는 걸 알게 됐다. 요즘 날씨를 떠올리니 고개가 절로 끄덕여진다. 공원 종류 중 어린이를 위해 특화한 것이 어린이공원이고, 전국 공원 면적의 3.6%에 불과하지만, 약 2,500m² 크기로 전국에 1만여 개가 고루 분포한다(2020년 말 기준, 10,242개소, 25.1km²). 2005년에 비해 면적이 32% 늘었는데, 아이러니하게도 같은 기간 어린이공원 주 이용 대상인 14세 미만 인구수는 922만 명에서 630만 명으로 32% 줄었다.

어린이공원의 딜레마는 어린이가 없다는 것이다. 초저출생으로 어린이가 크게 줄어서이지만, 줄어든 어린이마저 학교, 학원 그리고 스마트폰에 매여 공원에 머물 시간적·정서적 여유가 없다. 공원 입장에선 매력이 부족해 발생한 주 고객 유치 실패이기도 하다. 결국 어린이공원의 주 이용층은 어르신이다. 청소년층은 입시로, 청중장년층은 일로 늘 바쁜데다 혹여 시간이 나더라도 좁고 기능이 제한적인 어린이공원보다 큰 공원이나 산을 선호한다. 반대로 어르신들은 거리가 먼 큰 공원이나 경사져 위험한 뒷산으로 접근이 어려워 가까운 어린이공원에 머무실 수밖에 없다.

이름을 바꾸는 것은 관점을 바꾸는 일이고 미래를 바꾸는 일이다. 현실에 맞춰 어린이공원을 마을공원이나 쌈지공원으로 바꾸고, 그 기능도 조정하면 좋겠다. 새 이름에 맞춰 어르신과 어린이는 물론 지역공동체에 고루 복무하는 공원이 되도록 말이다. 그럼 어린이는? 어린이를 3.6% 면적에 불과한 어린이공원에 떠맡겨둘 것이 아니라 나머지 96.4%를 포함한 모든 공원에서 어린이를 잘 모시면 된다. 공원마다 어린이 시설을 고민하고 프로그램도 기획해야 한다. 그렇게 모든 공원이 어린이공원이 되면, 100년 전 바람처럼 '대한민국의 새싹'은 힘차고 건강하게 커나갈 것이다.

# 공원과 도서관

'정원과 도서관이 있다면 더 필요한 것이 없다'는 로마시대 철학자 키케로의 말을 떠올리면서, 둘 다 낙원 같은 공간이니 화사한 정원과 우직한 도서관이 함께 있으면 어떨까 상상해 본다. 뉴욕 브라이언트 파크와 공립도서관처럼 말이다. 허나 실상은 좁은 도시에서 공공정원인 공원과 도서관이 오래 다퉈왔다. 1965년 소공동 남대문도서관이 남산자락으로 쫓겨나 남산도서관이 되면서 남산 입구를 막아버렸고, 탑골공원 인근서 50년 이상 지켜온 종로도서관도 1967년 쫓겨나면서 인왕산과 사직공원 사이 오지에 틀어박혔다. 이처럼 인구 폭증과 도시 팽창 과정에서 여러 도서관을 이전 및 건립하기 위해 공원과 산자락 숲이 제법 사라졌다.

21세기 들어 도시가 안정되면서 이 문제는 급감했지만, 이젠 공원이 다양한 콘텐츠 제공을 고민하면서 역으로 작은 도서관을 도입했다. 2006년 서울숲 숲속도서관을 필두로 2008년 관악산 숲속도서관, 2013년 삼청공원 숲속도서관, 2014년 청운문학도서관 등이 문을 열었다. 2018년 『TIME』지에서 삼청공원 숲속도서관을 미래 도시의 혁신 사례로 소개하는 데 힘입어 서울시가 숲속도서관 건립을 본격 지원하기 시작했고, 양천공원, 응봉산, 천왕산에 속속 자리 잡았다. 구청도 노력을 기울여 동대문구 배봉산 숲속도서관이나 양천구 파리공원과 넘은들공원 책쉼터, 중구 손기정공원 문화도서관, 종로구 인왕산 초소책방 등 공원 내 도서관들이 경쟁력 있는 지역 문화콘텐츠로 개발되고 있다.

자연을 즐길 여유도 부족한 현실에서 공원에 굳이 도서관까지 넣어야하나 의구심 갖던 시절도 있었다. 허나 공원의 경쟁자가 당초 놀이동산에서 쇼핑몰로 또다시 가상현실로 넘어가면서, 공원도 여러 콘텐츠와 적극 연대해야 했다. 잘 가꾸어진 공원에서 다양한 체험과 문화 콘텐츠를 함께 즐기는 방식이다. 인간과 자연의 연결을 상징하는 공원과 인간과 인류 문명의 연결을 상징하는 도서관이 한 공간에 어우러진다면, 도시의 위기에 맞서는 작은 보루가 될 것이기에.

# 분수를 아는 공원

목동 파리공원을 리노베이션해 2022년 4월 재개장했다. 한불 수교 100주년을 기념해 1987년 조성된 공원이니 35년만의 전면 재조성이었다. 오래된 공원은 시설이 낡기보다 이용이 낡아진다. 나무는 무럭무럭 자라 하늘에 닿고, 시설은 그 자리 그대로 쇠하지만, 익숙한 이용 방식은 고정관념처럼 낡아진다. 크게 바꾼 건 분수였다. 기존 분수는 30~60cm 깊이로 물을 채워둔 연못 안에 있었다. 더위를 피해 성급한 어린이들이 뛰어들었다가 관리인의 제지에 흩어지기를 반복했다. 연못 바닥을 높이고 물 깊이를 3~5cm로 낮춰 언제든 누구나 들어가 즐기도록 바꿨다. 어두운 색조의 바닥에 얕은 물을 채워 하늘과 풍경이 물에 비치는 거울연못이 되었다. 연못 한쪽에 바닥분수를, 다른 한쪽엔 음악분수를 만들었다.

분수를 떠올리면 대개 거리나 광장, 강이나 호수를 기억한다. 로마 트레비 분수처럼 멋진 조각 작품이 어우러진 모습이 거나 호수공원의 고사분수 같은 유려한 물줄기를 떠올린다. 여기서 물은 바라보는 대상이지 접촉하는 대상은 아니었다. 2004년 서울광장에 바닥분수가 설치되면서 분수가 경관시 설에서 물놀이시설로 바뀌었음을 알렸다. 같은 해 런던 하이 드 파크에 만들어진 '다이애나비 추모 분수'는 공원의 분수 중 가장 유명한 사례인데, 미국 조경가 캐서린 구스타프슨이 설계했다. 솟아오르는 물줄기 없이 타원형 목걸이처럼 눕힌 돌 수로를 흘러 도는 물과 그 위로 스스럼없이 올라가 즐기는 런던녀와 어린이들이 인상적이다. 이미 이용자의 눈높이는 분수의 아름다움은 기본이고 몸과 어떤 방식이든 접촉되기 를 원하는 단계다.

물은 생명의 근원이기에 본능적으로 끌린다. 연못과 분수에 어린이만 뛰어들고 싶은 게 아니다. 어른도 마찬가지여서, 어 린이를 돌보는 척 끼어든다. 두터운 나무 그늘로도 이 여름을 버틸 순 있겠지만 분수를 안은 공원이 여름에 더 빛나는 이 유다. 무더운 여름이 미리 두렵다면, 분수를 아는 공원을 주 변에서 찾아두거나 아니면 당당히 요구하시길.

# 집 앞, 청와대공원

집 근처 새로 개방된 청와대 뒷길로 백악산(북악)을 올랐다. 1993년 문민정부 출범으로 처음 개방된 인왕산에 올라 감격했던 기억이 떠올랐다. 벌써 30년 전 일이다. 새 정부 출범과 동시에 대통령 집무실이 용산으로 이전하면서 청와대가 개방됐다. 2022년 6월부터 상시 개방했는데, 그 자체로 녹음이 잘 가꾸어진 공원이다. 25만m² 청와대 안쪽 말고도 주변 군부대, 각종 행정기관, 직원 관사까지 어마어마한 시설의 이전 또는 재배치가 이어질 수밖에 없어 동네일로만 치부하기엔 크고 깊은 변화가 이미 시작됐다.

동네 사람들끼리는 처음이라 관심이 높지 곧 차분해지리라 예상한다. 야외 공간만 개방했을 뿐 기존 건물은 닫혀있거니와 아직 용도도 미정이니 지금 이 열기가 지속되긴 어렵다는 뜻이다. 다만 다양한 요구들이 분출된다. 지금처럼 '차 없는 거리'가 지속되면 가족과 함께 자전거를 타거나 산책하기 좋겠다는 의견부터, 사직단 복원으로 철거된 어린이놀이터를 여기에 새로 확보하거나, 부지 내 기존 건축물을 활용해 접근성 낮은 종로도서관이나 노후된 어린이도서관을 이전하고 미술관 등 각종 문화공간을 유치하자는 것까지 다양하다. 환경에 관심 있는 주민들은 철조망, 벙커 등 군시설을 숲으로 복원하고 트램 같은 친환경교통을 도입해 접근성을 높이자 한다. 나아가 차로를 줄여 삼청동천을 복원하거나 자전거도로와 보행로를 더 넓히는 것도 이야기한다. 한편, 역사에 관심 있는 주민들은 청와대를 옛 경복궁 후원으로 복원하거나 고궁-민속박물관을 청와대로 이전하고 경복궁을 제대로 복원하자고 목소리를 높인다.

주민 의견이 전부는 아닐 것이다. 동네이기도 하지만, 백악산 일원은 한양도성의 일부고, 광화문 일대는 서울의 중심이자 국가상징축의 시작점이다. 정치가 빠져나간 공간을 자연과 문화로 채우는 건 누구나 공감하겠지만, 기후위기 시대에 걸맞은 깊이 있는 공론화 과정과 도시의 미래를 읽는 사려 깊은 전문가들의 디자인 과정이 꼭 필요한 이유다.

# 반려공원

집을 고쳐 이사 오는 과정에서 이웃과 심하게 다퉜다. 이웃사촌이라는 말이 무색할 지경이다. 갈등이 오히려 인간적이고, 무관심 아니 '관계맺기에 대한 강한 거부'가 더 보편적이라는 진단도 있다. 아파트는 집 구조가 동일해 무리해서라도 승용차로 차별화하고 육아나 교육 외에는 관계맺기 어려운 것도 현실이다. 공동주택이 더 공동체를 구축하지 못하는 아이러니라니. 이웃뿐인가? 젊은 세대들은 절대적 관계가 부담스러워 결혼을 꺼리고, 양육과 미래에 대한 부담으로 출산도 꺼린다. 가족 간에도 아픔과 사연이 즐비하고 동네 간 지역 간 편가르기까지 심해지니 가히 사회적 관계의 총체적 위기다.

반려동물이 늘어나는 것도 이러한 위기에 닿아 있다. 쓸모없고 돌보는 일만 많을까 주저했지만 반려동물로 인해 삶이 바뀌었다는 분을 자주 만난다. 반려동물로부터 받는 절대적 사랑과 일관된 관계가 큰 위로라 한다. 때론 가족이나 이웃보다 더 신뢰하며 삶의 반려자로 깊은 정을 나눈다. 반려는 필요하지만 적극적 돌봄이 부담되는 1인 가구는 반려식물을 입양한다. 플랜테리어Planterior까지는 아니라도 작은 집에서 한 포기 한 그루 식물이 자라는 화분은 큰 정원이고 그 자체로 위로다. 반려란 우리가 늘 살아있는 존재와 관계 맺고 싶음을 증명한다.

공원은 묘한 존재다. 도로, 운동장, 체육관처럼 이름부터 딱딱한 도시계획'시설' 중 하나지만, 살아있다. 밤과 낮이 다르고, 계절마다 다르며, 해마다 달라진다. 나무와 풀과 꽃이 피고 지고, 크고 작은 생명이 기거하고 또 번식한다. 눈이 펑펑 내리는 공원과 소나기가 쏟아지는 공원은 또 얼마나 다른가. 주민이 변화시키기도 한다. 쓰레기를 줍고, 정원을 가꾸고, 마켓을 열고, 도서관을 지키며 공원을 돌본다. 늘 변하므로 곧 살아있다. 집에서의 반려동물처럼 도시에서 반려공원이 필요한 이유다. 경쟁과 이익을 잠시 잊는 돌봄과 위로의 공간이 도시 곳곳에 뿌리내릴 때 위기의 사회적 관계를 회복하는 디딤돌이 될 것이다.

# 가뭄과 철없음

안양천 제방을 걷다 왕벚나무 아래 개망초 군락이 말라가는 모습을 보았다. 개망초는 본디 북아메리카가 고향인데 120여 년 전 미국산 철도침목에 묻어 들어와 철로를 따라 단숨에 전국으로 퍼진 대표적 귀화식물이다. 당시 철도 부설, 을사늑약 등 외세의 침략과 국운이 쇠하는 시기가 맞물리며 망국의 풀亡草이라는 이름도 얻었지만, 계란꽃이라고도 불리듯 화사한 빛깔로 나름 사랑받는 잡초다. 이 생명력 강한 잡초가 지독한 봄 가뭄을 어쩌지 못해 서서히 말라가고 있었다. 2022년 5월 강수량이 5.8mm로 평년 대비 20분의 1 수준의 극심한 가뭄 상태고, 지난 주말 단비에 남부와 강원 영동 지방은 일부 해갈되었다지만 수도권은 여전하다. 농촌이 우선 걱정이지만 도시의 공원과 숲도 고통이 깊다.

특히, 작년과 올해 심은 나무들이 먼저 피해를 입었다. 충분히 뿌리를 내리지 못한 까닭이다. 물도 주고 물주머니도 달곤 하지만, 주변 대지까지 흠뻑 적실 충분한 비가 아니면 한계가 있다. 상황이 이러하니 돈 주고 물차를 부르려 해도 요즘 야간시간대 택시 잡기와 비슷하다. 가로수로 심긴 마로니에, 메타세쿼이아, 플라타너스 등 오래되고 큰 나무들도 중간 중간 약한 녀석들이 선택적으로 삶을 멈추는데, 이건 정말 속수무책이다. 그뿐인가? 나무는 눈에라도 보이지, 건조에 약한 꽃은 아예 싹도 못 터 누런 맨땅이다.

겨울 가뭄으로 산에 눈이 없어 3월 초 울진 산불이, 긴 봄 가뭄으로 6월 초 밀양 산불이 발생했다. 둘 다 이례적이다. 공원과 산은 통상 가장 건조한 4월이 산불 대비 핵심기간이다. 3월엔 잔설이 남아, 4월 말부터는 해마다 슈퍼컴퓨터를 애먹이는 게릴라성 봄비로 봄철 산불 위기에서 벗어나곤 했다. 기후위기에서 파생되었을 이 이례적인 상황들의 반복이 '뉴노멀'인데, 일종의 철없음이다. 꼭지만 돌리면 수돗물이 콸콸 나오고 자동차와 실내에서 주로 시간을 보내는 도시민은 체감하기 어렵다. 자주 공원과 숲을 걷고 자연을 만나 철을 익혀야 하는 까닭이다.

# 공원을 얹은 주차장

"어제 세차했는데…" 갑자기 비가 쏟아지면 최근 세차했던 친구들의 탄식이 SNS에 쏟아진다. 공감과 위로보다 엉뚱한 생각이 든다. '비를 맞는 주차장이 있다니 햇볕도 좋겠군. 그렇다면 그 땅에 나무를 심어야지!' 공원주의자 입장에서 햇볕을 쬐는 주차장처럼 세상 아까운 공간이 없다. 햇볕은 자연과 사람이 쬐고 자동차는 지하로 넣어야 한다. 자연을 위해, 사람을 위해, 차를 위해서도 좋다. 도시의 열기를 식히고 기후위기 주범인 이산화탄소도 줄인다. 서울시의 경우 공영주차장이 3.3km²(노외주차장 2km², 노상주차장 약 1.3km²)니 딱 100만 평이다. 덮개를 씌우든 지하를 파든 이 땅 최상층부를 공원으로 가꾼다면 서울 면적의 0.5%가 추가로 공원이 되는 셈인데, 무려 서울시가 4~5년간 새로 공원을 만드는 규모와 맞먹는다.

땅이 부족한 도시에서 공영주차장은 다양한 활용을 요구받는다. 주차장을 지하로 넣고 지상부에 청년주택이나 행정타운, 복지시설 등을 얹는 복합화다. 이 경우도 햇볕을 받는 모든 상부공간을 녹화하면 마찬가지 효과를 거둔다. 둘러보면 공영주차장 말고도 지상주차장은 부지기수다. 공공기관 청사나 민간빌딩의 주차장도 상당하다. 승용차뿐인가? 도시 외곽을 따라 택시충전소나 버스차고지도 많고 전철과 지하철 차량기지는 사뭇 거대하다. 다른 지역으로 이전할 수 없다면 덮든 지하로 파든 그 기능은 지키되, 상부는 나무를 심고 공원을 만들어 뭇 생명들과 사람이 활용하면 좋겠다.

아예 법으로 정하면 어떨까? 가칭 '지상주차장 금지법'이다. 새로 짓는 건물은 지상주차장을 금하고 기존의 모든 지상주차장은 일정 기간 내에 공원으로 바꾸자. 주차장을 지하에 건설하는 비용이나 지상에 녹지를 조성하는 비용은 국가와 지방정부에서 지원하면 된다. 지금 우리 모두를 위해 꼭 필요한 일이기 때문이다. 도시의 혁신은 과감함이 필수다. 주차장 위에 공원을 얹어 생명과 희망이 싹트는 도시의 내일을 상상하자.

# 걷자생존

영화인 하정우 씨의 책 『걷는 사람, 하정우』에는 하루 목표 3
만보를 채우기 위해, 단둘이 하는 업무 미팅은 근처 도산공
원을 걸으며 진행하는 대목이 나온다. 크게 깨달았다. 바닥
이 잘 닦인 너른 길은 둘이 대화하며 걷기에 좋다. 연인이 함
께 걷는 덕수궁 돌담길처럼. 바닥이 균질하지 않으면 대화가
어려운데, 서로 발밑을 살피는 것이 우선이기 때문이다. 등
산로가 대표적이다. 등산은 여럿이 가도 각자 걷는다. 잡념은
사고를 부르니 한 발 한 발 집중하며 생각을 떨쳐야 한다(다만,
등산은 일정 시간 강제로 머리를 비우므로, 마치면 몸은 노곤하나 머릿속이
맑아진다). 걷는 길은 바닥도 중요하지만, 무엇보다 차량과 섞
이지 않아야 한다. 무례한 차량과 아무 때고 맞닥뜨려야 하거
나 반복해 신호등을 기다리는 길은 몸보다 우선 정신에 위협
적이다. 이렇듯 잘 닦여지고 연결되고 안전하고 독립된 길이,
도시의 살길이다.

완만하고 좋은 길은 둘이 걸어도 좋지만, 혼자 걸을 때 더 빛난다. 무엇보다 발 디딤에 신경 쓰지 않고 오롯이 내 몸과 마음에 집중할 수 있다. 누구 눈치도 보지 않고 맘대로 속도를 높이거나 줄이며 몸을 들여다보거나, 몸은 그저 길에 올려두고 생각에 집중해 머릿속에 문제를 살살 굴리는데, 꼭 풀린다. 등산처럼 머리를 비우고 싶다면 그냥 끌리는 음악을 들어도 좋다. 누구든 이러한 길을 주변에서 꼭 찾아 걷길 권한다. 개인적으로는 집 근처 경복궁 돌담길(2.5km)과 회사 근처 신정산 둘레길(2.7km)을 걸으며 제반 문제를 푸는데, 이 길이 나에겐 '철학자의 길' 이상이다.

팬데믹으로 재조명받았지만, 세계 도시들은 그린웨이Green way라 통칭하는 걷기 좋은 길을 만드는 데 전력투구해왔다. 파리를 비롯한 여러 '15분 도시' 전략도 결국 걷기, 자전거, 대중교통 활성화를 통해 걷고 싶은 도심 생활권을 지향한다. 글로컬한 무한경쟁 속에서도 걷기는 몸과 마음을 지키고 좋은 길은 도시를 지키며, 함께 오래 살아남을 것이다.

# 큰잎나무

새로 개방한 용산미군기지를 둘러봤다. 해방 직후 미군이 심어 맘껏 자라난 플라타너스 가로수가 인상적이다. 플라타너스Platanus는 잎이 크다는 뜻의 학명이고 양버즘나무, 버즘나무 등 세분되는데 현존 세계 최고의 가로수 가족이다. 양버즘나무 원산지인 북아메리카는 물론, 중국 등 아시아와 유럽 주요 도시도 플라타너스 가로수에 진심이다. 수형이 크고 아름답고, 어디서나 잘 자라고, 가지치기에 강하고, 무엇보다 이름처럼 잎이 크다. 잎이 크다는 건 다양한 효능을 보증한다. 남보다 넓은 잎으로 광합성을 하니 무럭무럭 자란다. 광합성은 기후위기 주범인 이산화탄소를 흡수하고 부산물로 신선한 산소를 내뿜는다. 큰 잎 뒷면 솜털은 미세먼지를 잔뜩 붙잡았다가 비에 씻어 하수도로 내보낸다. 그뿐인가? 낮이면 큰 잎에서 수증기를 발산하니 살아있는 가습기고 잎 자체로 완벽한 그늘막이다.

오해도 받는다. 속성수라 저어하지만 140년 전 심은 인천 자유공원 플라타너스도 건재하고, 빨리 자라는 건 오히려 도시에 걸맞다. 뿌리가 땅으로 올라와 보도를 망가뜨린다지만, 오죽 땅속에 발 뻗을 곳이 없으면 땅 위로 올라오겠나. 잘 쓰러진다는 속설도 좁은 보도 지하로 뿌리내리기 어렵고, 주변 공사로 뿌리가 자주 절단된 까닭이 크다. 봄이면 날린다는 꽃가루도 기실 버드나무와 포플러 씨앗 얘기고, 방울에 뭉쳐진 씨앗은 정작 무거워 날지 못한다. 간판을 가리고 낙엽이 많다는 지적은 유효하지만, 보도를 넓혀 간판과 나무의 거리를 띄우고 청소노동자에게 보너스를 지급하는 건 인간의 몫이다.

기후위기로 여름 기온이 높아진 데다 에어컨 실외기까지 더해져 한낮에 도시를 걷는 게 힘겹다. 파라솔 몇 개로 바뀔 순 없다. 거리와 공원에 플라타너스를 비롯해 오동나무, 마로니에, 목련, 튤립나무 등 그늘 깊고 풍성한 큰잎나무를 겹겹이 심자. 차에서 내려 푸른 잎이 터널을 이룬 큰잎나무 그늘 아래를 걸을 때에서야 비로소 '걷고 싶은 도시'가 시작된다.

# 경인京仁과 경인敬人

2022년 7월 첫날, 서울 양천구 신월3동에 위치한 경인어린이공원을 새롭게 단장해 문을 열었다. 공원을 둘러싼 아름드리 느티나무 안쪽으로 우람한 놀이대와 소박한 시냇물과 조그만 바닥분수가 옹기종기 자리 잡았고, 장맛비에 웅크렸을 어린이들이 뛰쳐나와 공원 가득 재탄생을 축하해 주었다. '경인'이라는 이름은 1968년 개통한 경인고속도로에서 유래했다. 영등포구 양평동부터 신월동을 가로질러 인천나들목까지 연장 30km인 우리나라 1호 고속도로가 동서로 놓이면서 야트막한 언덕이 이어지던 이 농촌도 도시화가 시작됐다. 종로구 청운동 철거민이 이주한 신월1단지가 1972년 만들어졌고 1977년 남부순환로가 연결되면서 남북으로도 도로가 뚫렸다. 1980년대 초 이주단지에 붙여 만들어진 이 작은 공원은 시원한 느티나무 그늘을 펼쳐 빡빡한 이주민의 삶을 40년간 위로해왔다.

이 동네 남쪽 능골산에 자리한 옛 김포정수장은 2009년 서서울호수공원으로 탈바꿈해 주민 사랑을 담뿍 받는데, 그 아래 신월나들목이 바로 경인고속도로와 남부순환로의 교차점이다. 서울시는 2025년 목표로 신월나들목부터 동으로 목동운동장까지 옛 경인고속도로(현 국회대로)를 지하화하고, 지상에 선형공원(국회대로 상부공원, 길이 4km, 9.2만m²)을 조성 중이다. 결국 경인어린이공원에서 능골산 자락을 타고 서서울호수공원, 신월나들목, 국회대로 상부공원을 거쳐 목동신도시와 안양천까지 단박에 연결되는 셈이다. 부천시와 인천광역시 구간도 경인고속도로 지하화를 추진 중이니 서쪽으로 연결되는 것도 시간문제다.

경인고속도로(현 국회대로) 공원화는 남북으론 단절된 지역을 연결하고, 동서론 목동과 비목동의 격차를 줄일 것이다. 여의도공원처럼 광장이 공원이 되고, 경의선숲길처럼 철로가 공원이 되고, 이제는 도로가 공원이 되는 도시의 변화는, 차량 중심에서 사람 중심으로의 전환을 명확히 보여준다. 경인京仁이라는 고유명사가 경인敬人이라는 도시 철학으로 읽히는 이유다.

# 특급 민원인

전화가 왔다. 몸을 꼿꼿이 세워 받았다. 가능한 빠른 시간대를 정하고 그가 매일 아침 방문한다는 그 공원에 딱 맞춰 도착했다. 그는 가방에서 얼음 가득한 편의점 아이스커피를 꺼내주시곤 이 공간의 역사를 상세히 설명한 뒤, 야외체육시설의 문제점과 부족한 시설 종류, 바닥면 조치 방안까지 꼼꼼히 제시하고 보완을 요청했다. 나는 조만간 해결할 것을 약속했다. 그는 '공원의 친구들'이라는 이름으로 활동하시는 공원 자원봉사자 중 한 분이셨다.

최악의 민원인은 자신에게만 애정을 쏟는 분이다. 주변은 아랑곳없이 자신이 원하는 대로 공원이 무조건 맞춰주기를 바란다. 그럼 최고는? 공원에 애정을 쏟는 분이다. 담당자보다 더 공원을 속속들이 알고 다중의 관점에서 공원이 좋아지기를 바란다. 공원 이용'객客'이 아니라 이용'주主'라 할 실질적 주인이다. 최고의 민원인보다 더 높은 특급 민원인이 자원봉사자다. 평소 공원에 자신의 재능과 시간을 아낌없이 나누는 분들이시기에, 그 민원은 더 무겁게 받아들인다. 양천구는 공원 자원봉사자 200여 분이 프로그램 운영, 자연생태계 조사와 교육, 가드닝, 도시농사 등 분야별로 활동 중인데, 향후 놀이, 플로깅, 동화 구연, 촬영, 세밀화 등으로 확장할 계획이다. 이분들이야말로 이용주를 뛰어넘는 공동 '운영주'이자 공원 거버넌스의 정수다.

중년 또는 은퇴 후 삶을 고민하는 분들에게 공원에 봉사하시라 조언 드리면, 대개 재능이 없다며 손사래 치신다. 수십 년 현업에서 일한 당신의 경험과 능력은 어디나 쓰임새가 많겠지만, 특히 지역에서, 공공공간에서, 다양한 세대를 위해서 꼭 필요하다. 자원봉사를 통한 사회에 대한 공헌과 그로 인해 사회로부터 받는 존경, 또 그 과정에서 맺어지는 사회적 관계들은 부쩍 길어진 우리네 생애에 필수요소다. 몸과 마음과 시간을 내어 삶터 주변에 멋진 공원을 찾아보고 플로깅처럼 가벼운 자원봉사부터 시작하시길. 늘 특급 민원인으로 모실 테니.

# 햇볕과 그늘

정원을 가꾸는 건 어찌 보면 햇볕을 분배하는 일이다. 식물은 스스로 움직이기 어렵고 햇볕을 받아야만 양분을 얻기에, 뿌리 내릴 장소를 정할 때 사람의 간섭에 절대적 영향을 받는다. 가드너는 마치 창조주처럼 땅을 다듬어 물길을 잡고, 큰키나무를 적절히 배치하고, 주변으로 작은키나무를 비롯해 꽃과 풀과 돌과 흙에게 공간을 부여함으로써 결국 햇볕을 나눈다. 식물은 특히 높이(키)에 따라 햇볕을 한 번 더 나누어 쓰는데, 큰키나무 아래로 작은키나무나 꽃이나 풀이 서로 조화를 이루며 자라는 식이다. 물론 이러한 조화도 빨리 키를 키워 햇볕을 쟁취하거나, 남 밑에서 적은 햇볕으로도 살아남거나, 그도 아니면 무언가를 타고 기어오르는 등 오랜 세월 경쟁하거나 적응해 온 결과다. 반려식물로 인기 있는 몬스테라 Monstera가 아래쪽 잎에 햇볕을 나눠주려 갈퀴 같은 특유의 잎 모양으로 진화한 사례처럼.

공원도 마찬가지다. 조경가는 공원을 디자인하며 공간을 분배하지만 결국 햇볕을 나누는 셈이다. 공원이니 너른 숲과 각양각색의 정원과 녹지에 우선 배분하지만, 사람을 위한 공간에도 햇볕을 배려한다. 특히 운동장과 잔디밭, 광장이나 분수대, 야외무대와 놀이터엔 필수적이다. 재미난 건 사람도 큰 나무와 입체적으로 공간을 공유하는데, 다만 햇볕을 나누기보다 그늘을 취하는 경우다. 울창한 숲 아래로 뻗은 서늘한 산책로를 걷거나 아름드리나무 깊은 그늘 아래 의자에 앉아 사색에 잠기는 식이다.

따가운 햇볕을 피해 그늘만 찾는 계절이지만 스산한 그늘을 피해 해바라기하던 계절이 있었음을 곧잘 잊는다. 그도 사람 입장일 뿐 한여름 햇볕은 나무에게 축복이고 그늘은 사람을 비롯한 뭇 생명을 보듬는다. 늘 이면을 보아야 하는 이유다. 고정된 의자가 불편하신지 공원마다 자신만의 의자를 마련해 햇볕과 그늘을 옮겨 다니는 분들을 뵌다. 그럴 때마다 햇볕마다 그늘마다 편안한 이동식 등의자가 충분히 놓인 공원을 다짐한다.

# 잡초 민주주의

장마전선이 오르내리며 비를 뿌렸더니 가로수 주변 가로세로 1미터 남짓 작은 땅에도 잡초가 소복하다. 잡초라니? 항변이 들리는 듯해 그 이름을 부른다. 강아지풀, 쑥, 민들레, 까마중, 질경이, 망초, 바랭이, 왕고들빼기, 중대가리풀, 땅빈대… 가로수 밑동을 기준으로 사람이 밟지 않는 도로 쪽 땅은 잡초가 키를 한껏 키우는데 요즘 강아지풀이 한창이고, 잘 밟히는 보도 쪽은 키를 한껏 낮추는데 포복하는 바랭이와 민들레가 바쁘다. 한여름 시야엔 배롱나무, 능소화, 수국과 무궁화꽃이 대세지만, 몸을 낮춰야만 보이는 바닥권은 강아지풀과 민들레꽃이다. 특히 강아지풀은 강아지 꼬리를 닮은 꽃이삭이 하늘하늘해 꺾어다 화병에 꽂으면 솜씨가 없어도 그럴듯하다. 강아지풀처럼 명백한 잡초의 무단 입양은 자원봉사니 꼭 시도해 보시라.

잡초가 소복이 올라오면 제거 민원이 간간이 온다. 잡초란 '의도치 않은 식물'인데, 예로 잔디밭에 핀 탐스러운 장미가 잡초고 장미밭에 삐죽이며 올라온 잔디가 마찬가지로 잡초다. 기화요초가 잡초에게 햇볕과 양분을 빼앗기니 적절한 제거나 조절도 필수지만 도시의 생물다양성을 높이는 순기능도 소중하다. 게다가 거대한 가로수는 발치에서 벌어지는 잡초의 향연에 초연하다. 햇볕과 뿌리의 위계가 다른데다 외려 잡초 덕에 겉흙이 잘 일궈지고 작은 생명이 숨어들며 미기후도 조절된다. 지저분하다는 지적만 아니면 좀 밍기적거리고픈 민원이다.

한여름 도시열섬화에다 유럽의 이상고온, 산불과 가뭄 소식에 우울하지만, 결국 기후위기에 균열을 내는 건 잡초의, 잡초에 의한, 잡초를 위한 민주주의다. 잡초는 생물다양성이자 생태감수성이다. 도시 곳곳의 균열마다 크랙가든Crack Garden을 만들고 씨앗폭탄을 던지는 게릴라 가드닝Guerilla Gardening을 넘어 사람의 간섭마저 의도적으로 배제한 재야생화Rewilding 개념이 심각히 대두되는 이유다. 닥친 위기를 함께 넘기 위해, 잡초에도 한 표!

# 움직이는 의자

좋은 공원에는 그늘 깊은 좋은 숲이 있다. 좋은 숲에는 걷기 편하고 안전한 좋은 길이 있고, 좋은 길에는 적절한 위치마다 좋은 방향으로 앉아 쉴 수 있는 좋은 의자가 있다. 이렇듯 좋은 숲과 길과 의자는 좋은 공원의 기본이다. 지난봄 서울 목동 파리공원을 재개장하면서 다양한 의자를 설치하고 또 그 반응을 실시간으로 읽어 조정했다. 부족한 수량을 추가하고, 적절한 형태로 바꾸고, 적정한 위치로 옮겼다. 설계자는 갖기 어려운 운영자의 특권이다. 파리공원 곳곳에 야심차게 도입한 이동식 테이블과 1인용 의자는 무척 만족도가 높았다. 햇볕을 피하거나 사람 수에 맞추어 필요에 따라 움직이는 의자는 이용자에게 권한과 책임을 부여함으로써 도시민의 자존 감을 높인다.

움직이는 의자의 원조는 프랑스 파리시 공원의 상징물이

라 할 1인용 녹색 의자다. 등받이가 기울어진 것과 바로 세워진 두 가지 형태인데, 1923년 뤽상부르 공원Jardin du Luxembourg을 관리하던 프랑스 상원Sénat이 프랑스 가구 제작사인 페르몹Fermob을 통해 강철 재질의 '세나 의자'를 제작했고, 2003년 파리시는 다시 페르몹에 의뢰해 기존 의자를 가벼운 알루미늄 재질로 새로 디자인하면서 '뤽상부르'라 이름 붙였다. 미국 뉴욕시 브라이언트 공원Bryant Park도 1992년 재개장하면서 페르몹의 접이식 녹색 비스트로 의자를 도입해 찬사를 받으며 이동식 의자 역사를 이어갔다. 햇볕과 그늘을 찾거나 고독과 대화를 찾아 이용자의 의지에 따라 움직이는 의자는 훼손과 도난의 우려를 이겨내며 공공공간의 상징물이 됐다.

한강 선유도공원이 개장하며 도입한 이동식 등의자와 파리 공원의 이동식 테이블 세트 정도뿐, 관리에 대한 우려로 인해 공원 내 움직이는 의자는 아직 미완이다. 100년 전 민간업자로부터 공공성을 되찾아 온 파리의 세나 의자처럼, 기후위기와 자원순환 등 작금의 과제를 관통하는 공원 브랜드로써 움직이는 의자를 고대한다.

# 학교도 공원이다

출근길이 늘 중학교 등굣길의 풋풋한 활력을 가로지른다. 등교시간이 임박한 듯 우르르 몰려드는 발걸음과 자전거 무리. 차로와 보도 사이 펜스처럼 늘어선 자전거보관대에 쏜살같이 번호키를 채운 뒤 후다닥 교문을 향해 달려간다. 흐뭇하게 바라보다 문득 궁금증이 생긴다. 왜 학교 안에 자전거를 세우지 않고 이렇게 학교 밖 보도에 놓아두지? 내가 근무하는 목동 신도시는 녹지율이 높고 보행로와 자전거도로 체계가 월등해 자전거 이용이 많다 보니 지역 주요 범죄에 자전거 분실이 빠지지 않는다. 선생님이 천직인 친구에게 물으니 '학생 등교 지도에 불편'해서란다. 선생님 자가용은 학교 안에 주차하는데 학생 자전거는 학교 밖에 주차하는 아이러니라니. 보행자도 불편하지만, 학생이 무슨 죄가?

학교도 공공공간이다. 1996년 학교 나대지를 녹화하려고 학

부모에게 나무 기증을 요구한 사건이 계기가 돼 1999년부터 서울시가 학교 녹화 지원을 시작했다. 이후 학교공원화, 에코 스쿨 등 명칭은 바뀌었지만, 학교 운동장과 옥상 등 유휴공간에 꽃과 나무, 연못과 휴게공간을 만들어 도시환경을 개선하고 학교 구성원이 자연을 즐기도록 해왔다. 텃밭을 만들어 농사 체험과 요리 수업을 하는 학교도 있었고, 최근에는 유휴교실을 생태 및 가드닝 공간으로 활용하거나 실내체육관이 있는 경우 운동장을 과감히 줄여 생태숲을 만들고 자연놀이터를 도입하는 등 교육청과 학교에서도 차별화된 노력을 시도 중이다.

그럼에도 아직 학교는 폐쇄적이다. 지역의 눈높이로 볼 때 학교는 넓은 운동장이고 놀이터이자 근사한 나무가 자라는 녹지다. 일종의 공원이다. 학생 안전을 최우선으로 고려하되 수업시간이 아니면 누구나 접근 가능한 커뮤니티 공간으로 활용되어야 한다. 생태해설가, 가드너, 도시농부, 놀이전문가, 목수, 요리사, 오케스트라, 극단, 작가와 화가까지 생생한 지역 콘텐츠가 학교와 연결되는 건 서로를 위해서다. 이것이 지역 민주주의고 또 생활밀착형 교육이다.

# 수마水魔와 헤어질 결심

2022년 8월 8일 집중호우로 안양천이 침수됐다. 한 해에만 3번째. 이전 10년간 제대로 된 침수가 없었던 안양천인데, 이번엔 90시간 가까운 장기 침수다. 8월 9일 신정교 수위는 10.5m로 우면산 산사태 원인이던 2011년 7월 집중호우 때(10.3m)보다 높았다. 특히 관악산에 집중된 빗물은 도림천을 타고 신정교 합수부에서 안양천에 더해지며 수마를 키웠다. 수십 년 버텨온 아름드리 능수버들이 뿌리째 뽑히거나, 물에 잠긴 거대한 가지가 부유물까지 얹어진 수압을 못 버티고 쉽게 찢겼다. 새로 심은 나무들은 봄 가뭄에 이은 두 번의 침수를 가까스로 이겨내나 싶더니, 이번 결정타로 상당수 스러졌다.

물은 생명의 근원이고 강은 도시의 젖줄이다. 강을 끼지 않은 도시는 없고 강을 다스리지 못하는 도시는 지속 불가다. 핵심은 배수와 저류다. 배수가 공학의 영역이라면 저류는 책임의 영역이다. 내 땅에 떨어진 빗물을 배수체계로 보내기 전에 책임진다면, 즉, 저류공간을 다양화해 집중되는 빗물을 잠시나마 잡아둔다면, 배수 부담을 줄여 결국 침수를 줄인다. 상종가인 신월빗물저류시설이 대표적이다. 도시 구조상 필요한 대규모 저류시설을 추가하되 소규모 저류공간도 곳곳에 확보해야 하는 이유다. 주택이면 주택, 도로면 도로, 공원이면 공원, 산이면 산, 모든 도시 공간이 각자 부담을 지는 건 일종의 원인자부담이자 물의 제로 웨이스트Zero Waste다.

건축물이라면 옥상녹화와 빗물저금통을 확대하고 중수시스템으로 유도해야 한다. 도로는 신월동 사례에 더해 투수포장 확대가 우선이다. 공원과 산은 세계적 화두인 자연기반해법NbS; Nature based Solutions 도입이 필수다. 풍성히 가꾼 숲, 물이 지하로 침투되는 레인 가든Rain Garden처럼 숲, 계곡, 토양 등 자연생태계의 역량을 최대치로 활용하는 것이다. 이들은 홍수만 아니라 가뭄도 대비한다. 결국 도시 시스템을 혁신하려는 결심이 곧 수마와 헤어질 결심이다.

# 나무 아래 숨겨진 도시 브랜드

팬데믹 이후 첫 해외여행으로 싱가포르를 다녀왔다. 처음 방문한 도시 곳곳의 공원과 정원과 식물원과 거리를 새벽부터 밤까지 걸었다. 공원주의자에게 싱가포르는 교과서나 다름없다. 도시 경쟁력을 녹색Green에 두고 1967년 정원도시Garden City를 선언한 후 정원 속의 도시City in a Garden를 거쳐 자연 속의 도시City in Nature로 도시 브랜드를 확장중이다. 가든스 바이 더 베이Gardens by the Bay처럼 환상적인 테마정원도 만들지만 서울의 1.2배 면적에 590만 명 이상 모여 사는 대도시에 공원을 한없이 늘리긴 어렵다. 그래서 싱가포르는 공원과 공원을 파크 커넥터Park Connector로 연결하고, 고층빌딩마다 수직정원과 옥상녹화, 테라스에 큰 나무 심기 등 입체녹화를 유도하며, 커뮤니티 인 블룸Community in Bloom 운동으로 주민이 정원과 텃밭에 빠져들도록 노력한다.

어디서나 만나는 거대한 나무들이 인상적이다. 찬찬히 보면 나무 아래 그루터기 주위로 넉넉히 퇴비가 둘려져 있어 밟으니 트램펄린처럼 폭신하다. 가드너가 곳곳에서 죽은 가지를 자르고 꽃과 나무를 옮긴다. 거대한 나무와 세련된 정원은 따뜻하고 습윤한 날씨와 전문가 손길의 합작품이다. 내 키 정도로 작은 나무도 사이사이 많은데, 우량한 형질의 품종을 엄선해 육묘장에서 직접 키운 묘목들이다. 작은 나무를 심어 건강하고 균형 잡힌 형태로 키우는 건 거대하고 아름답게 자라는 필요조건이지만, 전문가 없이는 불가능하다.

그때그때 아웃소싱에 의존하는 우리 현실이 생각나 부끄러웠다. 우리 공원은 전문성을 갖춘 현장인력이 거의 없다. 행정과 민원에 지친 사무직 공무원과 비숙련 비정규 관리인력뿐이다. 현장에 상주하는 식물 전문가와 가드너가 없으니 세계인의 눈길을 사로잡을 명소는 언감생심. 작은 나무를 거목으로 키워내듯 다양한 현장 전문가와 함께 커나가는 도시 브랜드를 상상한다.

# 탑골공원에 부는 바람

주말 아침 서울 종로구 공평도시유적전시관에 들러 '탑골공원-서울 최초의 도시공원' 전시를 봤다. 탑동이나 탑골로 불리던 조선시대부터 근대화와 공원 조성기, 독립운동의 상징이자 모던보이의 핫플이던 일제강점기, 해방 후부터 어르신 문화공간까지의 질곡을 시대별로 잘 보여줬다. 내처 탑골공원도 둘러봤다. 탑골의 어원이자 흰 대리석으로 만들어 '백탑'이라 불린 국보 2호 원각사지십층석탑과 보물 3호인 원각사비, 3.1운동의 상징인 팔각정도 여전했고, 나무들도 우람하게 자라 그늘을 드리웠다. TV까지 설치된 대형텐트 2동에는 무료급식을 기다리는 어르신이 가득했다. 외곽 산책로는 급식 테이블과 천막이 차지했고, 팔각정 주변에선 삼삼오오 예배나 대화를 나눴다. 군인과 그 연인 둘만이 유일한 젊은이였다. 9시부터 6시까지 개방하는 남쪽 정문 외에 동, 서, 북문은 굳게 닫혀 있었다. 저렴한 식당과 가게가 즐비한 공원 북쪽과 동쪽 주변은 공원 담장을 끼고 어르신과 노숙인들이 어우러져 바둑이나 술자리로 사뭇 어지러웠다.

고려 흥복사와 조선 초 원각사로의 역사성, 18세기 백탑파가 열어젖힌 개혁의 바람, 근대화와 광장 정치를 연 서울 최초의 도시공원, 임시정부의 시발점이 된 3.1운동의 상징, 해방 후 고급 상점가를 거쳐 다다른 어르신 문화까지, 탑골공원은 서울 중심에서 홀로 엄중한 역할을 도맡아 왔다. 그렇기에 누구도 지금의 탑골공원에 만족하기는 어렵다.

결국 어르신 공간을 벗어나 다양한 계층이 즐기는, 역사를 기억하고 또 미래를 상상하는 공간이어야 한다. 무료급식 기능을 분산하고, 폐쇄적 운영시간을, 닫힌 문을, 답답한 담장을 열자. 어르신이 가드너가 되고 질서를 유지하고 프로그램도 이끌고, 을지로와 익선동에서 불어오는 젊은 바람이 종로와 탑골공원에 섞여, 더 밝고 안전하고 쾌적해야 한다. 종로구와 문화재청의 관점을 벗어나 서울 최초 도시공원에서 도시와 공원의 미래를 상상하는 새로운 바람을 기대한다.

# 나무 아래 눕는 소망

직업 탓에 귀촌이나 귀산촌에 대한 조언을 왕왕 요청 받는다. 대개 농으로 넘기지만 정색하고 묻는 경우 몇 가지를 추천하는데, 그중 하나가 임야를 마련해 수목장숲을 경영하는 것이다. 숲에 살면서 숲의 어원인 '수樹+풀'을 가꾸고 더불어 망자를 모시는 일은 초고령사회에 가장 복된 복지사업이라는 게 내 논지다. 화장 비율(90%)이 매장(9%)보다 10배나 높아졌고 수목장이 바람직하다는 인식도 65%에 달한다. 숲을 지키는 환경 측면, 나무와 합일되어 자연으로 회귀하는 정서 측면, 비용 및 관리 측면이 그 이유다.

2000년 전후 개인 주도로 수목장을 도입한 스위스나 국가 주도의 독일이나 공통점은 같다. 수목장을 통해 숲을 지키는 것이다. 작은 표식을 제외하고는 시설을 금하고 숲과 생태계를 살리려 노력한다. 망자를 위해 숲을 활용하는 게 아니라,

망자가 숲을 지킨다. 버려진 삼나무 조림지였던 일본 이와테 현 쇼운지 지쇼인 수목장도 나무 팻말을 제외한 어떤 시설도 없이 음식물 반입도 금하는 엄격한 관리를 통해 천연기념물이 서식하는 생태공간으로 변모했다. 유골이 묻히면 나무 자체가 무덤이 되어 나무를 벨 수도 숲을 개발할 수도 없다는 원칙을 지킨다.

우리에겐 공동묘지의 오싹한 추억이지만, 파리 페흐라세즈는 유명 관광지고 뉴욕 브루클린 그린우드 묘지공원은 1838년 개장 시 너른 잔디밭과 연못으로 폭발적 인기를 끌며 이후 센트럴 파크의 태동에 기여했다. 서울시설공단도 기존 파주 용미리묘지공원을 봉안당과 수목장으로 전환해 향후 100년간 서울시민의 장례 수요를 감당한다는 계획이지만, 개인적으로는 삶터 가까운 산마다 야생화가 피고 지는 편안한 길과 개울을 갖춘 멋진 수목장숲을 원한다. 사회적 갈등이 크겠지만 살던 동네에서 합리적 비용으로 사랑하는 존재의 삶과 죽음을 기억한다면, 또, 이로써 숲과 생태계도 지킨다면 여지는 있다. 아니, 나부터 정다운 우리 동네숲속 나무 아래 눕는 소망을 품겠다.

# 공원에서 미술하기

요 며칠 동네가 시끄러웠다. 키아프KIAF(한국국제아트페어)와 세계 3대 아트페어인 프리즈Freize의 '프리즈 서울'이 동시에 열리면서다. 주말에는 프리즈에 참가한 동네 갤러리에서 야간 개장과 파티가 겹쳐 새벽까지 집 앞 골목이 소란했다. 2003년 시작된 프리즈는 매년 10월 런던의 심장이라 불리는 리젠트 파크Regent Park에서 열린다. 리젠트 파크는 영국 왕립공원 중 가장 아름답다 손꼽히는데 특히 퀸 메리 장미원Queen Mary's Rose Gardens이 유명하다. 리젠트 파크 너른 잔디밭에는 프리즈 시즌에 대형 천막이 설치되어 실험적 현대미술로 대표되는 '프리즈 런던'과 전통의 재해석을 주창하는 '프리즈 마스터스'가 열리며, 공원 곳곳에서 펼쳐지는 조각전도 유명하다.

공원의 너른 품은 모든 문화를 보듬지만 미술도 마찬가지다.

뉴욕 메트로폴리탄 미술관과 센트럴 파크, 시카고 미술관과 그랜트 파크, 동경 서양미술관과 우에노 공원을 떠올리면 된다. 우리나라에도 과천 국립현대미술관과 서울대공원, 소마미술관과 올림픽공원, 아르코미술관과 마로니에공원 등 미술관과 공원의 환상적 조합은 무궁무진하고 또 분명한 시너지를 갖는다.

오세훈 서울시장이 2023년도 키아프와 프리즈 서울을 코엑스가 아닌 이건희 미술관 건립 예정지로 알려진 송현동 부지(37,117m²)에 유치 의사를 밝힌 것도 같은 맥락이다. 시 소유인 송현동 부지는 문화시설 도입 여부와 관계없이 공원의 역할이 필연적이다. 동으로 공예박물관, 북으로 현대미술관이 자리한 데다 북촌의 대형 갤러리들도 가깝다. 여기뿐인가? 이태원, 한남동과 연결된 남산공원, 성수동 옆 서울숲공원, 소마미술관이 들어앉은 올림픽공원, 조각 작품으로 유명한 상암 월드컵공원도 충분한 잠재력을 가졌다. 도심 공원에서 젊은 실험성으로 성장한 세계적 아트페어가 서울에선 어떤 공원과 만나 예술성을 폭발시킬지 자못 기대된다.

# 위기를 이기는 텃밭

엘리자베스 2세 영국 여왕 서거 관련 뉴스를 읽다 앳된 17세 공주가 텃밭을 가꾸는 사진을 보았다. 당시 공주 시절 윈저성에서 채소 농사를 짓던 모습이었다. 제2차 세계대전 당시 U 보트로 상징되던 독일군의 해상 봉쇄로 식량 수입이 어려워지자, 영국은 1939년부터 정원과 공원 등에서 채소를 기르는 '승리를 위한 농사Dig for Victory'라는 텃밭 캠페인을 대대적으로 벌였고 사진이 찍힌 1943년 당시 영국 전역에 140만개 텃밭이 일궈졌다. 이 캠페인의 원조라 할 미국은 1917년 제1차 세계대전에 참전 시 '승리의 정원Victory Garden'이라는 텃밭 캠페인을 시작했는데, 그 전통은 제2차 세계대전까지 이어져 1943년 미국에서만 2천만 가구(인구의 3/5)가 참여해 그해 소비된 채소의 42%를 자급했다.

국가적 위기마다 소비를 줄이고 자급하려는 노력은 자연스럽다. 2020년 팬데믹 초창기에 록다운으로 물류가 마비돼 신선한 채소를 구하지 못하자, 호주를 비롯한 여러 나라에서 텃밭이 유행했다. 최근 러시아의 우크라이나 침공 등 여파로 물가가 7% 이상 오른 독일과 프랑스도 옥상이나 정원의 텃밭에서 스스로 먹거리를 해결하려는 시도가 늘었다. 우리나라도 작년 봄 파테크(파+재테크)라는 신조어를 만든 농산물 가격 상승에 이어 올해 가뭄과 긴 장마로 배추, 오이, 시금치 가격이 작년에 비해 70%나 오르며, 홈 파밍Home Farming이나 식집사(식물+집사) 같은 신조어를 유행시켰다.

서울시 도시농부가 64만 명에 텃밭이 2km²(서울의 0.33%)로 지난 10년간 6배 이상 늘었다지만, 새벽 배송이 장악한 현실과는 아직 멀게만 느껴진다. 전쟁도 현실이고 팬데믹도 아직 끝나지 않고 이젠 초인플레이션과도 싸워야 하지만, 더 센 녀석인 기후위기의 그림자가 짙다. 텃밭과 정원은 물론 상자텃밭과 식물재배기까지 먹거리를 직접 키우고 또 나누는 생활의 확산만이 위기를 이겨낼 첩경이다.

# 은행나무와 함께 살 궁리

추석 연휴 마지막 날. 아침 산책길 중간중간 은행나무 아래로 은행이 우수수 떨어져 있었다. 몇 개는 이미 보행자에게 밟혀 짓이겨진 상태였다. 올해 첫 은행 낙하. 공원주의자는 필연적으로 공원산책자라 연휴 내내 동네를 걸었기에 명확히 첫날이었다. 첫 벼 베기는 뉴스거리지만 첫 은행 낙하는 걱정거리다. 앞으로 한 달여 서울시내 은행나무 가로수 106,000그루 중 암나무 28,349그루를 향한 민원이 쇄도한다. 이유는 의도치 않게 은행을 밟을 때 드는 뭉클한 불쾌감과 덮쳐드는 구리구리 고약한 냄새, 거기다 신발에 찰싹 달라붙는 찐득함까지.

주요 지점별 집중 청소는 기본이고, 진동수확기와 고소차를 활용해 미리 채취하거나 그물망을 설치하고, 종자를 못 맺게 하는 약제도 시험하고, 일부 암나무를 수나무로 바꿔 심는 무리한 일도 하지만, 자연의 힘을 공공의 힘으로 완벽히 막긴 어렵다. 주민이나 상인분이 살살 쓸어 모아주셔도 감읍하고, 떨어진 은행을 가져가신다면 큰절도 할 판이다.

허나 이젠 은행 줍는 어르신도 없다. 입사 초 '은행 털기 행사' 에 구름같이 모인 인파가 신기했는데, 은행을 물에 담가 말 랑말랑한 껍질을 벗기는 힘들고 냄새나고 피부염을 무릅쓴 일을 감내할 사람도 또 집안 공간도 사라졌다. 어머니 재촉으 로 아버지를 모시러 간 선술집 탁자에 올려졌던 새초롬한 안 줏거리도 이젠 귀하다. 이메일과 문자 덕분에 손편지에 넣어 보내던 노란 은행잎도 잊혔고 그걸 갈피에 끼워 넣을 책은 스 마트폰으로 대체됐다. 그(녀)와 함께 걷던 은행나무 길도 조금 씩 줄어드니 어쩌면 우리는 은행나무에 대한 호감을 하나씩 잊고 불쾌감만 남긴 건 아닌지.

3억5천만 년 전부터 지구에 살던 은행나무는 인류가 멸종하 면 함께 멸종할 나무로 꼽힌다. 자연에 살지 못하고 오로지 인간 근처에 살기 때문이다. 두 번의 대멸종으로 씨앗을 옮겨 주던 매개동물도 모두 사라져 은행나무에겐 사람이 유일한 친구다. 오래 함께 살 궁리가 필요한 때다.

# 비움의 힘, 송현동

주중엔 서울 양천구를, 주말엔 동네를 걷는다. 덕분에 공유지인 길과 공원과 산과 강을 속속들이 꿴다. 동네에선 북촌-청와대-서촌-경복궁이 기본 코스인데 최근 송현동이 추가됐다. 2022년 10월 7일 시민 개방을 앞두고 지난주 가림막을 제거했기 때문이다. '송현 열린녹지광장'으로 이름 붙인 송현동 부지(37,117㎡)는 1920년 일제 식민 자본인 조선식산은행으로 소유권이 넘어간 지 102년 만에 시민 품으로 되돌아온다.

송현松峴은 말 그대로 경복궁 동쪽의 소나무 언덕이라 '솔재'로 불렸다. 나무를 베어 땔감으로 밥을 짓고 구들을 달궜던 조선 5백년간 도심 한가운데 이처럼 소나무 숲이 유지된 건, 이곳이 권력 최상층의 공간이었기 때문이다. 특히, 임진년 이후 외척과 세도가의 몫이었는데 광해군의 장인이나, 청송 심씨였던 영의정 심상규, 안동 김씨였던 김병주, 김석진 등을 거쳐 1912년경부터 순종의 장인인 친일파 윤택영이 살았다. 1920년 윤택영이 은행빚에 쫓겨 중국으로 도망가면서 땅은 식산은행에 넘겨졌고, 3년간 공사 끝에 고급 직원 사택이 되었다. 해방 후 적산으로 몰수되어 미군 장교 숙소와 미대사관 직원 숙소로 오래 활용되다, 1997년 삼성생명이 매입해 미술관 등을 지으려 했으나 뜻을 이루지 못했고, 2008년 대한항공이 인수한 뒤 시도한 7성급 한옥호텔, K-팝 공연장도 좌초됐다. 결국 서울시가 2021년 8월 인수해 11월 일부 부지 (9,787m²)에 '이건희 기증관'을 건립하기로 정부와 합의한 뒤 임시 개방을 준비해 왔다.

높직한 4m 돌담만 기억되던 공간 안쪽엔 서울 도심에 전무한 드넓은 대지가 숨어 있다. 임시 개방인 만큼 최소 예산으로 조성된 1만m² 중앙 잔디광장과 주위 야트막한 꽃밭, 그리고 이를 가로지른 8개 진출입로뿐, 언뜻 보면 빈터에 가깝다. 하지만 이 비움의 힘은 강력해서, 최상층의 공간이 최고 주권자인 시민 공간으로 변모하는 시대적 흐름을 이끈다.

# 정원박람회가 바꾸는 도시

야외 마스크 해방이 포스트 코로나의 신호탄인 듯 짙푸른 하늘과 뭉게구름 퍼레이드 아래로 야외행사가 봇물 터졌다. 정원 분야도 마찬가지라, 지난주엔 서울정원박람회가 열린 북서울꿈의숲을 찾았다. 허름한 놀이공원이던 드림랜드가 강북의 새로운 대형공원으로 탈바꿈한 것이 13년 전인데 재기발랄하고 멋들어진 정원들이 새로 배치되며 활기가 넘쳤다. 오산시 맑음터공원에서 열린 경기정원문화박람회나 세종시 중앙공원에서 개최된 대한민국 정원산업박람회에 이어 주말부터는 부산조경정원박람회도 열린다.

정원박람회의 효시를 1862년 영국 런던에서 열린 '그레이트 스프링 쇼'로 꼽는데, 세계적 명성을 지닌 첼시 플라워 쇼의 전신이다. 첼시 플라워 쇼가 다양한 품종과 작품으로 경쟁하는 축제라면, 독일의 정원박람회는 도시를 바꾸는 실천이었다. 1865년 독일 에르푸르트Erfurt에서 국제정원박람회를 개최했을 만큼 역사도 깊지만, 연방정원박람회BUGA와 국제정원박람회IGA를 통해 패전 후 도시기반시설의 재건, 노후 공원의 재생, (통독 후) 동독 지역의 회복, 최근 기후위기 대응까지 시대별 전략도 탁월했다. 특히 임시 조성이 아닌 박람회 공간에 정원을 영구 조성하며 공원과 도시를 쇄신했다.

우리나라는 경기정원문화박람회가 10회째로 도내 지역마다 거점 공원을 만들었고, 순천시는 순천만국제정원박람회와 국가정원 지정으로 정원 붐을 선도했다. 서울시도 2015년부터 공원과 지역 재생에 정원박람회를 적극 활용했고, 울산시도 태화강 국가정원 등을 통해 산업도시 이미지를 바꾸는 데 애써왔다.

아무리 좋은 노력도 주민의 공감과 참여를 통해서만 지속 가능하다. 지난 3개월간 서울 양천구 연의공원 일대 6곳 2,195m²의 빈 땅을 '공원의 친구들(자원봉사자)'이 특색 있는 정원으로 손수 일궜다. 10월 초에 개최되는 양천그린페스티벌은 그 노력을 주민과 함께 즐기고 축하하는 자리다. 정원이 바꾸는 도시는 땅과 사람 모두가 화사하고 또 향기롭다.

# 녹색치유

지난주 수요일 '느슨한 가드닝'이 끝났다. 봄부터 5개월간 서울 서쪽 끝자락인 양천도시농업공원에서 진행된 가드닝 프로그램이다. 대상자는 심신이 지칠 대로 지칠 수밖에 없는 치매 환자를 전담 간병하는 가족들. 국립수목원 연구 사업을 서울그린트러스트와 그람디자인이 진행했는데 양천구는 공간을 제공하고 양천치매안심센터를 통해 대상자 모집을 도왔다. 마지막 날 참가자들은 정원을 만들고 가꾼 매주 수요일 한나절이, 오롯이 나만을 위하고 늘 감동받는 치유의 시간이었다고 평하셨다.

공교롭게 금요일에도 치유를 만났다. 토론자로 참여했던 서울 도시농업 국제컨퍼런스 주제는 '녹색치유, 힐링 도시농업'이었다. 네덜란드 위트레흐트Utrecht 시 공원에서 'Food for Good'이란 치유농장을 운영하는 한스 피일스Hans Pijls 대표는 노인, 참전용사, 치매 환자 등이 전문가, 자원봉사자와 함께 농작물을 키우고 수확하는 일련의 작업을 통해 돌봄과 치유를 얻는다고 발표했다.

치유는 일방적 과정이 아니다. 참가자를 위해 애쓰는 전문가와 자원봉사자가 있고, 식물을 위해 애쓰는 참가자가 있으며, 식물은 존재 자체로 모두에게 기쁨을 나누려 애쓴다. 치매 간병이 어려운 이유는 환자와의 관계가 일방적이기 때문인데, 치유정원에선 자신의 노력이 큰 환대로 되돌아와 관계망이 확장된다. 피일스 대표는 거리에선 알콜 중독자로 구걸하며 살던 참전용사도 농장에서는 할 역할이 있고 또 다른 이를 도울 수 있기에 누구나와 편안히 소통한다고 말했다.

기후위기로 지구도 크게 아프지만 개인도 마찬가지다. 몸이 아픈 사람도 많지만 마음이 아픈 사람이 더 많다. 무한 경쟁과 일방적 관계에서 겪는 스트레스는 현대인의 필요조건처럼 여겨진다. 반려동물과 반려식물을 향한 뜨거운 반응도 이 흐름과 무관치 않다. 인간이 자연의 일원임을 잊지 않는 것, 또 자연 속에 머물고 식물을 키우며 관계 맺는 것이 녹색치유다.

# '빌딩, 숲'

드라마 '이상한 변호사 우영우'가 한창 주가 올리던 2022년 8월, 종로구청 앞 로터리 어귀에 거대한 팽나무 한 그루가 이사 왔다. 드라마에 출연한 500살 팽나무와 비교해도 조카뻘은 될 거목. 따뜻한 남부지방에 주로 자라는 팽나무를 이젠 서울에서도 자주 본다. 특히, 광화문에서 시청과 남대문을 거쳐 서울역까지, 최근 2년간 광화문광장과 세종대로 사람 숲길을 만들면서 서울시는 구간마다 커다란 팽나무를 새로 심었다. 기후온난화가 심해져 중부지방 대표 정자목이던 느티나무 하자율이 높아졌고 대타로 남쪽에서 팽나무가 여럿 상경한 것인데, 가지의 뻗음이 크고 여유로운 데다 노란 단풍이 퍽이나 매력적이다.

팽나무의 이사는 광화문 KT 이스트 빌딩 1층과 주변 공공 보행로를 숲으로 변모시킨 'KT 디지코 가든KT Digico Garden'

프로젝트의 일환이었다. 결과적으로 빌딩 서쪽은 중학천변 버드나무 숲과 끝단의 팽나무로, 남쪽은 화사한 배롱나무숲과 야외테이블로, 동측과 북측은 이팝나무와 자작나무 숲으로 만들어졌다. 내부로 빽빽하고 낮은 숲 언덕이 자리해 오솔길과 데크길로 오르내리는 비밀의 정원이 됐다. 누구나 또 언제나 즐길 수 있는 '빌딩, 숲'이다. 당초 벽화 프로젝트가 숲 프로젝트로 바뀐 건 광화문광장과 세종대로 사람숲길을 설계한 조용준 조경가가 뛰어들면서다. 그는 인근 광화문광장과 연결된 빽빽한 숲 위에 세계적 건축가인 렌조 피아노Renzo Piano의 날아갈 듯 가벼운 느낌의 빌딩이 떠 있는 풍경을 만들고 싶었다고 말했다.

건축허가 기준의 최소한도로, 아무 맥락 없이, 형편없는 나무를, 무성의하게 꽂는 싸구려 건축물 조경은 결국 건물 브랜드와 함께 도시 브랜드를 싸구려로 만든다. 빌딩숲이 아니라 빌딩 사이사이가 숲이 되어 서로 연결되고 직장인과 산책자는 물론 새와 벌과 나비를 품는 '빌딩, 숲'이 되어야 하는 이유다. 이 숲이 빌딩을 살리고 도시를 살리고 결국 지구를 살릴 것이다.

# 재난과 공원

주말의 시작은 지진이었다. 공원 가을 축제 때문에 아침부터 이동 중인데 굉음을 동반한 재난문자가 쏟아졌다. 2022년 10월 29일 토요일 아침 8시 27분 충북 괴산군에 발생한 규모 4.1의 지진. 오랜 친구들 단톡방에 괴산 지진 얘기를 꺼내자, 난데없이 미국 샌프란시스코 지진 얘기가 나왔다. 무언가 했더니 며칠 전인 26일 새너제이 인근에서 규모 5.1의 지진이 발생했는데 한 친구가 사는 곳과 가까웠던 것. 글로컬한 서로의 안위를 물으며 시작된 주말은 쾌청한 날씨 속에 공원 축제까지 잘 마쳤으나, 결국 이태원 참사로 먹먹하게 마무리됐다.

자연재해 등 재난에 맞서는 공원의 역할은 역사가 깊다. 특히, 지진이 많은 일본은 방재공원防災公園 개념이 강한데, 비상시 피난 및 구호 활동 공간으로 활용할 수 있는 데다 녹지 자체가 대형 화재 확산의 방지벽이자 산사태, 해일 등에 대한 완충 공간이기 때문이다. 1923년 관동대지진 당시 공원은 화재의 저지선으로 또 157만 명의 피난처로 쓰였고, 1995년 고베 대지진이나 2011년 동일본대지진 때도 공원은 피난과 구호는 물론 복구와 부흥의 거점으로 활용되었다. 코로나19 초기인 재작년 봄 뉴욕 센트럴 파크에 야전텐트로 설치된 68개 병상의 임시진료소 운영도 상징적 기억이다.

이태원 사고는 우리에게 여러 숙제를 남겼다. 애도의 기간을 돌아서면 각자 눈높이에서 무엇을 어떻게 바꿔낼까 고민해야 한다. 안전한 도시 구조도 마찬가지다. 이태원 중앙부에는 공원이나 광장 같은 거점 공공공간이 턱없이 부족하다. 도시의 재난이 완충될 공간이 없어 좁은 길과 건물에 가로막힌 형국이다. 특히, 해밀턴 호텔 뒷길은 북쪽과 서쪽으로 소통이 원활치 않은 막힌 구조라 재난은 남측 좁은 길을 덮쳤다. 도시의 개방성과 연결성은 물론 완충 공간인 광장과 공원 녹지도 고민할 과제다. 사통팔달하고 구석구석 숨 쉴 공간을 갖춘 도시라야 비로소 재난에 강한 도시다.

# 연결의 힘

서울 서쪽 끝 양천구 지양산 자락 연의공원에 생태 전시 및 체험 공간인 '에코스페이스 연의'가 개관했다. 높이 30m에 다다르는 미루나무 다섯 그루 옆에 딱 붙여 지어진 이 건물은 올록볼록 골짜기 진 노출콘크리트와 유리로 마감된 무척 단아한 모양새를 가졌다. 조윤희 건축가(구보건축)는 시각 등 여러 감각으로 건물과 공원을 연결하고 싶었고, 건물의 각기 다른 높이에서 미루나무를 바라보는 걸 상상했단다. 지난주 '오픈하우스 서울' 행사 때도 바람에 몸을 맡기는 미루나무 소리가 인상적이었다.

내부 전시와 인테리어는 인간의 공간과 살아있는 자연을 가장 잘 연결하는 유승종 디자이너(라이브 스케이프)가 맡았다. 건물 곳곳에 자연이 스며들고 물과 바람과 소리가 흐르는 공간은 이곳을 방문할 어린이와 어른에게 자연과의 끊김 없는 연결을 느끼게 한다. 계절에 따라 변화하는 열린 공간에 비를 내리고 바람을 일으키며 또 새와 곤충을 불러 모으는 상상을 함께 실현했다.

공간은 프라이드그린토마토 협동조합(이사장 이은경)이 운영한다. 양천 지역에서 여성 중심으로 예술과 디자인을 통해 지역을 연결하던 역할이 공원과 주변 자연환경까지 확장되었다. 운영의 주력은 주민인데, '양천 공원의 친구들' 자원봉사자 중 생태 전문가인 '에코친구' 1, 2기 20여 분이 '에코스페이스 연의'의 공간 안내, 프로그램 운영은 물론 공원과 주변 지양산까지 모니터링 하실 계획이고, 그 결과가 다시 전시에 연결된다.

'에코스페이스 연의'가 자리한 연의공원에서 지양산을 한 바퀴 연결하는 코스가 4.3km의 '지양산 둘레길'이고, 이 길은 24.5km의 양천둘레길과 연결된 후, 또다시 157km 서울둘레길로, 나아가 4천5백km 코리아 둘레길까지 확장된다. 이 모든 연결의 시작과 중심은 우리 자신이고, 우리는 사람, 자연, 공간과 서로 연결될 때 지탱 가능하다. 연결만이 이 힘든 시간을 이겨내는 힘이다.

# 마로니에공원의 진화

노란 마로니에 나뭇잎과 샛노란 은행잎이 가득한 서울 대학로 마로니에공원에 다녀왔다. 공원에서 열린 마르쉐@혜화 덕분이다. 처는 건강한 채소를 탐하고 나는 한갓진 자리를 탐했다. 마르쉐@은 '장터, 시장'이란 프랑스어 마르쉐Marché에 전치사 at(@)을 더한, 멋지고 건강한 농부시장이다. 2012년 가을 공원에 면한 예술가의 집에서 처음 열린 마르쉐@혜화는 매월 둘째 일요일마다 마로니에공원에서 10년째 열려 왔다.

마로니에공원이 자리한 동숭동은 내사산 중 좌청룡에 해당하는 낙산 자락으로 1907년 실업 교육을 위한 공업전습소가 설립되며 근대를 열었다. 1916년 경성고등공업학교로 확장되고, 1925년 경성제국대학에 편입됐으며, 해방 후 서울대학교로 이어졌다. 서울대가 1975년 관악캠퍼스로 이전하면서

대학본부(현 예술가의 집) 앞 녹지대는 고스라니 공원이 됐다. 1929년 심은 마로니에도 백수를 넘기며 공원 한 켠을 굳건히 지킨다.

대학로는 80년대 민주화와 첫 대통령 직선제의 생생한 현장이었고 신촌과 쌍벽을 이루던 젊음의 거리였다. 1985년부터 4년간 주말마다 운영된 '차 없는 거리'로 엄청난 인파가 몰리며 공연과 문화는 물론 일탈과 폭주의 대명사이기도 했다. 공원은 그 한가운데서 몸살을 앓고 생기를 잃었다. 공원의 진화는 2013년 9월 완료된 리노베이션에서 시작됐다. 대학로 문화 공간을 다수 설계한 김수근 건축가의 제자인 이종호 건축가는 공원을 아르코미술관 등 주변과 경계 없이 확장하고 마로니에와 은행나무 위주로 식재를 정돈하며 투명한 건축물과 최소 시설로 공원을 비워냈다.

공원의 이후 10년은 마르쉐@의 10년과 겹치며 빛났다. 마르쉐@은 지구적이고 또 지역적인 문화 활동의 최정점으로서 공원을 리브랜딩했다. 공원은 쉬고 산책하고 놀고 운동하는 걸 넘어 자연과 문화가 맞닿는 일상을 통해 완성된다. 공원의 진화는 이용의 진화를 낳으며 도시를 완성한다.

# 스마트한 도시 속 아날로그한 공원

만추에 회사 워크숍을 다녀왔다. 자작나무와 참나무 숲이 어우러진 강원도 산속 워크숍 장소는 더없이 청명했는데, 맑은 공기도 이유였으되 무엇보다 스마트폰이 아예 터지지 않아서였다. 초등생부터 노인까지 스마트폰 없이 살기 어려운 포노 사피엔스Phono Sapiens 시대고, 실제 울리지 않는데 진동이 울린다 착각하는 '유령 진동 증후군'에다 스마트폰이 없을 때 초조해하거나 불안감을 느끼는 노모포비아Nomophobia도 현실이지만, 그곳은 숲에서 제대로 된 휴식과 힐링의 필요조건인 디지털 디톡스Digital Detox를 강력히 구현했다.

스마트 시티Smart City가 대세다. 스마트폰을 비롯한 4차 산업혁명의 다양한 기술로 각종 데이터를 수집하고, 그 데이터를 활용해 도시 운영과 관리를 최적화한다. 에너지 소비도, 교통량 분산도, 맞춤형 복지도, 도시의 안전도, 데이터를 활용해 지속적으로 해법을 제시한다. 정체를 고려해 차량 동선을 바꾸고, 버스의 움직임을 손바닥처럼 보고, 택시를 마법의 양탄자처럼 부리는 일은 이미 현실이다. 스마트 시티의 한 요소인 스마트 공원도 발전 중이다. 스마트 기술을 통해 휴식, 산책, 놀이, 운동, 커뮤니티, 문화 예술과 생태 체험 등 공원의 본질적 가치를 극대화하는 한편, 범죄 예방, 방재 등 안전은 물론 의료와 에너지까지도 스마트하게 돌볼 기세다.

하지만 공원이 가끔은 어디도 연결되지 않은 아날로그Analog의 공간이길 상상한다. 초연결 사회에서 잠시 고립되거나 단절된다 한들 세상은 금세 무너지지 않는다. 공원에서라도 햇살과 구름과 바람과 비와 눈의 밀도와 몸짓에, 숲과 자연의 색과 소리에 집중하자. 혼자라면 오롯한 나 자신의 숨소리와 발걸음에, 함께라면 친구와 연인과 가족의 온기에 전념하자. 예전에 우리가 텔레비전을 바보상자로 불렀던 현명함을 기억한다면 공원에선 스마트폰을 바보수첩이라 칭하며 잠시 덮어두자. 거기서 우리의 본성이 다시금 벼려질 것이다.

# 반려식물과 겨울 준비

영하로 곤두박질친다는 예보에 2층 베란다에서 키우던 유칼립투스 화분을 분갈이해 거실로 들이고 1층 마당에서 자라던 녀석도 실내로 옮겨 연필선인장 옆에 뒀다. 1층 녀석은 큰화분에서 맘껏 자란 데 비해 2층 녀석은 비좁은 화분 때문에 힘겨웠는데, 마음이 홀가분해졌다. 올봄 양재동에서 8천 원씩에 데려온 두 녀석은 그사이 세 배나 커져 내 키를 훌쩍 넘었고, 호주 원산인 유칼립투스가 오일 원료로 유명해 떨어진 잎을 말려 태웠더니 여름 가으내 집안에 향기가 은은했다.

마당 식물도 겨울 준비가 한창이다. 봄에 흰 꽃과 맛나고 빨간 열매를 제공한 준베리June berry는 마지막 잎새만 빼곤 모두 떨궈 하얀 가지만 맵시 있게 남았고, 여름내 꽃이 흐드러졌던 아미초와 수국은 잎이 쏘옥 바래버렸다. 연중 상큼한 잎사귀를 식탁에 제공한 청시소는 색 바랜 가지에 늠름한 씨앗만 남겼고, 시계꽃과 으름덩굴은 아직 초록초록하지만 이내 잎이 질 터다. 동네로 시야를 넓히니 아직 꽃이 남은 건 억새와 강아지풀 같은 벼과 식물과 감국, 산국 같은 국화류나 여뀌들, 제라늄이나 꽃베고니아 정도다. 나무는 늦게까지 버티는 단풍나무만 붉지 대부분 누렁잎이거나 노르스름한 데다 거의 나목에 가깝다. 상록수 빼고 푸르름이라곤 오로지 버드나무와 플라타너스 정도뿐.

지난주부터 양천구는 관내 아파트 단지를 돌며 반려식물 분갈이 서비스를 진행했다. 춥고 긴 겨울 준비를 도운 셈. 내년부터 본격적으로 확대하는데, 서울시도 반려식물 클리닉 시범사업으로 힘을 보탠다. 불멍, 물멍처럼 풀멍, 꽃멍이 인기고, 반려동물과 더불어 반려식물에 대한 관심도 커진다. 허나 '반려'는 '함께함'이 전제라, 구매로 즉각 완성되지 않는다. 시간을 두고 애정을 쏟으며 생겨나는 소통과 4억 년 이상 이 땅에 살아온 식물의 지혜를 배우는 관계 맺음이 필수다. 긴 겨울을 대비해 함께 지낼 반려식물을 입양하고 오래 따스한 사랑 나누시길.

# 함께

암 투병을 마치고 복귀한 지인과 저녁을 먹다가 공원이 절실
한 사람들에 관한 이야기를 들었다. 항암 치료 후 며칠씩 서
울 외곽의 여성 전용 요양병원에 머물렀는데, 환자들이 매일
10시, 3시면 병원 옆 작은 근린공원에 나가 함께 공원을 돈
단다. 유일한 병원 밖 출입인지라 나름 꽃단장한 환자들이 공
원을 열렬히 걷는단다. 환자로선 걷는 것만이 본인에게 할 수
있는 유일무이한 치료이기에, 병원 안에서도 낮이면 복도를
밤이면 옥상을 그렇게 줄지어 걸었고, 걷다 누군가 방귀라도
뀌면 모두 다가가 진심으로 축하해주곤 했단다. 그러고 보니
요양병원을 고를 당시 홍보 문구마다 근처 공원 소개가 빠지
지 않아 이상했었단 얘기도 덧붙였다.

허름한 서울 외곽의 공원에서 환자들이 줄지어 걷는 모습을
상상하다가 엉뚱한 쪽으로 생각이 흘렀다. 며칠 전 한 페친이

올린 동네잔치 사진 때문이다. 한 해 농사를 끝낸 마을 사람들이 모여 잔치를 벌이는데, 강강수월래마냥 둥글게 서서 함께 노래하고 또 춤추는 모습이었다. 한 해 내내 가뭄과 홍수를 켜켜이 함께 견딘 공동체였기에 가능한 광경에 '아! 맞아, 우리도 저랬었지!'라며 잃었던 기억을 되살렸다.

십 년 전 즈음 연예, 결혼, 출산을 포기 당한 삼포세대가 출현했고, 이젠 싱글 경제가 대세다. 혼밥, 혼술은 일상어고 회식은 금기어다. 생각해보면 반려동물, 반려식물도 지독한 외로움이 전제다. 그리고 3년 여의 팬데믹. 마스크와 거리두기로 벌어졌던 관계망이 이제야 조금씩 가까워지는 느낌이다. 공원과 길에서도 대부분 혼자 걷거나 뛰었는데 간혹 둘이나 셋, 커플이나 동료가 보이더니 작년부터 러닝 크루가 생겼다. 밝은 표정으로 함께 뛰는 모습에 덩달아 기운을 얻는다.

지난주부터 작은 빛축제를 서울 목동 파리공원에서 시작했다. '함께'를 위한 핑계다. 찬 겨울을, 외로운 삶을, 어려운 경제를, 슬픔과 고통을 함께 헤쳐 나가자며 공원이 드리는 작은 응원이다.

# 내 맘대로 공원 트렌드

어렵지만 희망찬 새해를 계획할 때. 공원주의자 마음대로 꼽은 공원 녹지 트렌드 열 가지를 소개한다.

우선 개인 차원 네 가지. ①건강하기. 공스장(공원+헬스장), 산스장(산+헬스장)은 세대별 시설 특화에 전문가 맞춤지도까지 진화하고, 걷기와 뛰기는 플로깅까지 확장된다. 명상과 요가를 넘어 녹색 치유도. ②가드닝하기. 반려식물이 확산되고 정원과 키친 가든을 가꾸는 가드닝이 대세다. ③즐기기. 공원에서 놀이, 체험부터 공연과 전시, 송현동 프리즈까지 거리두기가 아닌 거리 좁히기를 위한 문화 예술의 열연이 시작된다. ④봉사하기. 사회적 공헌이 없다면 공허할 수밖에 없는 삶. 공원에서 가드닝, 모니터링, 체험학습 등 봉사에 힘쓴다.

지역적으로 지킬 네 가지. ⑤나무 돌보기. 가로수는 물론 공원과 숲과 강에 나무를 더 많이 심고 가꾸는 건 도시에 지붕 Canopy을 씌워 더 시원하고 안전하게 만드는 일. ⑥숲 가꾸기. 숲이 더 이상 사라지지 않도록 난개발, 산불 등으로부터 숲을 지키고 풍요롭게 가꾸며 숲이 도시의 숨골임을 기억한다. ⑦강 살리기. 도시의 혈맥인 지천부터 큰 강까지 안전하고 깨끗하고 생태적이면서 주민 이용도 책임진다. ⑧연결하기. 산과 강과 공원을 주거지와 안전하고 촘촘하게 연결하는 건 '15분 도시'의 핵심 전략이다.

마지막 두 가지는 지구적 차원이다. ⑨생물(종)다양성 지키기. 뭇 동물의 멸종이 인류에게 큰 위협이며, 빨리 전환하지 못하면 우리도 같은 결론임을 인식한다. 재자연화Rewilding 등 다각적 관심을 기울여야. ⑩기후재앙 막기. 기후변화에서 기후위기로, 이젠 기후재앙이라 불리는 파고를 인정하면서 새해를 시작하자. 이것이 세상 모든 것에 영향을 끼치고 지배할 예정이니 꼭 틀어막아야.

정리하고 보니, 개인적으로, 지역적으로 또 지구적으로 건강과 자존감을 지키고 편안함과 익숙함을 바꾸자는 얘기로 귀결된다. 더불어 내년엔 푸르름 속에 늘 거하시기를.

# 눈 내리는 공원

비, 바람, 안개 등 공원을 변주하는 여러 기상 요인이 있지만, 눈은 지극히 특별하다. 함박눈이 덮이는 순간 공원은 달라진다. 컬러가 사라진 흑백 세상에서 눈은 공원의 새로운 지배자이며 주인공이다. 순백의 공간은 이 세상이 아닌 것처럼 비현실적이고, 자질구레한 지저분함마저 덮여 한층 단순해진다. 뽀드득뽀드득 보드란 질감과 야릇한 소리는 어디든 다가가 발자국을 남기고 몸을 뒹굴어도 안전할 것 같은 쿠션감을 준다. 어슷하게 뻗은 나뭇가지에 쌓인 흰 눈은 수묵화의 유려한 선 그 자체고, 성근 나뭇잎과 마른 꽃마다 얹어진 뽀송한 눈송이는 꽃송이보다 풍성하다. 눈 내리는 공원은 매혹적인 변신이다.

눈 내린 공원은 갑작스런 축제다. 예고나 준비 없이 불현듯 시작되는 눈축제. 모두 뛰쳐나와 구석구석 발자국을 남기고 넘어지고 구른다. 서로 또 같이 눈사람을 만든다(요즘은 눈집게로 만든 눈오리가 대세다). 오리뿐인가? 눈사람, 눈펭귄, 눈하트, 눈축구공, 눈곰도 있고 심지어 눈싸움용 눈뭉치도 눈집게로 만든다. 언덕에선 미끄럼을 타고 평지에선 눈썰매를 탄다(루돌프는 바빠 부모님이 끈다). 눈에서 하면 모두 바뀐다. 눈에서 축구를 하니 눈축구가 되고, 싸움을 하니 눈싸움이 되는 식이다. 눈 속에서 장년층은 영화 러브스토리나 말괄량이 삐삐를 청년층은 뽀로로나 엘사의 겨울왕국을 떠올리며 잠시나마 잊었던 동심을 회복한다.

도로에 내리면 불구대천의 원수처럼 제거하지만, 공원과 숲에 내리는 눈은 그 자체로 소중하다. 기후재앙으로 매년 심해지는 겨울 가뭄 때문이다. 겨우내 눈이 내리지 않으면 봄에 대형 산불을 피하기 어렵고 많은 나무들이 잎을 틔우지 못하고 스러진다. 연이은 서설이 반가운 이유고 겨우내 눈축제를 흠뻑 즐기길 소원하는 이유다. 게다가 축제를 마친 눈은 천천히 녹아 땅에 스며들기에 조금도 세상에 흔적을 남기지 않는다. 이 시대와 우리 생활이 반추해야 할 짙은 교훈이다.

# 4차 산업혁명과 만나는 공원

시작은 미드저니Midjourney였다. 명령에 따라 데이터 학습을 통해 자동으로 그림을 그리는 인공지능AI 프로그램으로 2022년 7월 오픈했다. 누구나 명령어만 잘 입력하면 수준급의 그림을 척척 그려낸다. 2022년 9월 미국 콜로라도 주립 미술대회 디지털아트 부문에서 미드저니 작품이 1위를 차지해 논란을 빚었는데, 구글의 이마젠Imagen, 메타의 메이크어비디오Make-A-Video, 오픈AI의 달리Dall-E 등도 각축을 벌인다. 미술과 사진뿐 아니라 음악, 소설, 시나리오, 영상 등 콘텐츠에서 인공지능의 창작은 현실이다.

대지예술이라는 조경도 피차일반이다. 2021년 현대엔지니어링, 서울대학교, 플래닝고가 함께 공동주택 조경설계 자동화 기술 협약을 맺었는데, 축적된 도면 데이터를 학습한 인공지능이 도면을 자동으로 그리는 방식이다. 조경가의 창작은 대체 불가능하다는 인식이 지배적이지만, 미술처럼 인공지능이 설계한 공원과 조경을 만나는 건 그리 오래 걸리지 않을 수도.

작년에는 서울 양천구 갈산문화예술센터에 안양천 가상현실 VR 체험장을 오픈했다. 양천구가 한국국토정보공사LX와 협업해 안양천공원을 3D로 모델링하고 그 영상을 자전거나 배를 탄 듯 즐기는 것. 디지털 트윈Digital Twin의 시작 단계로, 향후 실시간으로 변화하는 공원을 어디서나 즐기고 예측하고 또 관리하게 된다. 오픈AI가 내놓은 인공지능 챗봇 서비스chatGPT도 단 5일 만에 100만 이용자를 달성했고, 현재는 GPT-4까지 숨가쁘게 변화하며 공원 등 모든 행정 서비스의 소통 방식마저 바꿀 기세다.

한 해 내내 가뭄과 산불과 홍수, 전쟁과 참사에 정치·경제·기후위기의 먹구름까지 덮였지만, 한쪽에선 4차 산업혁명도 소리 없이 다가선다. 기술이 공원과 도시와 국토와 지구의 위기를 막고 우리를 구할 수 있을까? 나아가 자연과 인간, 공정과 배려, 이윤과 분배의 고차방정식을 풀 수 있을까? 그건 전적으로 우리가 새해부터 풀어가야 할 과제다.

# 잘 소통할 수 있는 도시

통화를 기피하는 전화 공포증Call Phobia을 가진 MZ세대 직
장인에게 1:1로 전화하는 법을 가르치는 외국 사례를 생경한
마음으로 들었다. 우리나라 MZ세대도 30%가량 전화 공포
증이 있단다. 문자나 SNS를 통한 짧은 메시지 위주의 소통에
익숙하다 보니 기업에서 겪는 협상과 지시 등 통화와 소통에
부담이 컸고, 가족이나 또래와도 비슷하단다. 특히, 청소년기
부터 집 전화 없이 스마트폰을 쓴 실질적 포노사피엔스Phono
Sapiens라 할 Z세대는 복잡한 요금제 속에서 문자, 이모지, 짧
은 통화 중심으로 소통해, 현실에서의 깊고 다양한 관계망 형
성을 불편해한다.

형제자매 틈바구니에서 자라 콩나물교실에서 교육 받고 늘
해질녘까지 자유롭게 몰려다니며 놀던 기성세대와, (대개) 외
동으로 자라 널찍한 교실에서 교육 받고 늘 부모의 스마트한

감시 속에 짬짬이 홀로 또는 점조직과 온오프라인으로 노는 Z세대는 소통 방식도 달라졌다. 하지만 공원주의자 입장에선 아쉽다. 집-학교-동네-집의 쳇바퀴 속에서 동네 공원이 '놀이'를 매개로 다양한 관계망의 소통을 일부나마 맡아왔기 때문이다. 학교나 학원과 달리 공원은 다른 반, 다른 학년, 다른 학교, 유아나 어르신 등 다양한 연령대, 장애인, 반려동물 등을 무시로 접하고 섞일 수 있는 공간이다.

놀이의 조건으로 시간, 친구, 공간을 꼽는데, 시간과 친구는 이미 부족하다. 어린이의 70% 이상은 '학습' 때문에 놀 시간이 부족하고 친구와 노는 경우도 9%가 못된다. 그래서 우리는 공간인 공원에 열성이다. 다만 그네나 흔들말 같은 혼자 노는 시설이 많아지고 안전 때문에 그네와 미끄럼틀 길이도 점점 짧아져 재미가 반감되기도 했다. 그럼에도 새해에는 놀이터를 더 고민하고 놀이지도를 만들고 놀이친구 자원봉사자를 양성할 계획이다. 곳곳의 공원에 다양한 관계망을 용광로처럼 녹여내는 놀이터를, 함께 더 잘 소통할 수 있는 도시를 상상하면서.

# 공원과 에너지

러시아의 우크라이나 침공 이후 에너지 위기가 더 심각하다. 세계 최대 제철소인 독일 함부르크 아르셀로미탈ArcelorMittal 제철소가 작년 9월말 가동을 멈췄는데, 전년 대비 10배나 오른 가스 값을 감당할 수 없어서다. 영국은 전기료가 2배 이상 올라 에너지 빈곤Fuel Poverty이 유행어가 되었고, 전기·가스 요금에 대해 지급 거부 운동Don't Pay이 거셀 정도다. 우리나라도 올해 전기 요금 20% 인상이 확정됐다. 이에 비해 미국은 유럽보다 가스 값이 1/10, 전기료가 1/5 수준으로 낮아 에너지 불평등이 심화됐고, 이 문제가 장기화할 것이라는 예측은 전 세계 기업들이 미국으로 산업 기반을 옮기는 중요한 원인이 되고 있다.

공원에서 에너지 문제를 고민한 건 기후 위기 때문이었다. 2050년까지 지구 온도 상승을 1.5℃ 이내로 줄이기 위해 모든 분야에서 이산화탄소 배출을 낮춰야 하는데, 공공시설 중 하나인 공원도 애쓰고 싶었다. 그 결과로 양천구는 제로에너지공원 계획을 수립했다. 내용은 관내 165개 공원 $2.69km^2$에서 연간 소비하는 176만KWh를 0으로 줄이는 것. 우선 2030년까지 공원등 중에서 효율이 낮은 등기구를 모두 LED로 교체해 54만KWh(31%)를 줄이고 공원 내 유휴공간마다 태양광 발전을 도입해 35만KWh(20%)를 생산함으로써 총 51%를 줄이는 것이 1차 목표다. 2030년 이후엔 기술이 가속화되는 연료전지를 도입해 87~118KWh를 발전하고 넷제로 Net-Zero를 넘어 최대 118%까지 절감한다는 계획이다.

기후 위기에 에너지 위기가 겹치고 또 지속된다. 각자의 노력이 절실하다. 공원이 규모에 비해 에너지를 많이 소비하진 않지만 그냥 있을 순 없다. 에너지 비용을 예산으로 지불하는 공공시설이기에 더 예민해져야 한다. 공원뿐 아니라 도로, 주차장 등 각종 공공시설에서도 에너지 절감을 넘어 에너지 독립을 고민해야만 하는 이유다.

# 정원과 울타리

5년 만에 가족 여행으로 일본 교토를 다녀왔다. 첫 방문지는 당연히 료안지龍安寺. 햇살 가득한 마루에 나란히 앉아 료안지의 암석정원石庭을 한참 동안 바라봤다. 일종의 돌멍이랄까. 흙담으로 둘러싸인 가로 24m, 세로 10m의 직사각 정원은 나무와 꽃 하나 없이 15개의 크고 작은 바위와 돌, 그 주변을 둘러싼 이끼, 그리고 나머지 대부분은 모래로 이루어져 있다. 이 작은 정원은 사람과 사회, 섬과 바다, 별과 우주처럼 다양하게 해석될 수 있는 삶과 세상의 거울이다. 이곳은 불교 선종禪宗의 영향을 받은 젠禪 가든Zen garden 또는 '고산수枯山水식 정원'이라는 명칭과 형식을 넘어 일본 전통문화의 상징으로 여겨진다.

정원의 기원은 야생동물이나 타 부족이 침입 못하게 울타리를 두른 채마밭이자 과수원인데, 이후 서양에선 빌라 데스

테Villa d'Este 같은 이탈리아의 테라스 정원, 베르사유 궁전 Palace of Versailles 같은 프랑스의 평면기하학 정원, 켄싱턴 가든Kensington Garden 같은 영국의 자연풍경식 정원 등으로 발전했다. 동양 정원은 자연을 재현하고 세상의 원리와 인간의 이상을 구현하도록 진화했는데, 물이 중심이 되는 한중일의 회유임천식回遊林泉式 정원과 물이 없는 일본 고산수식 정원이 대표적이다.

Garden은 울타리를 뜻하는 Gan과 즐거움을 뜻하는 Oden의 합성어다. 정원庭園의 한자어에도 울타리(□, 에울 위)가 포함된다. 무한경쟁의 야생에서 울타리는 동서양 공히 안전을 뜻했다. 결국 정원은 울타리로 둘러싸인 자연이자 순치된 야생이며, 나아가 안전한 낙원이다. 료안지 암석정원도 유채기름 매겨진 완고한 흙담에 둘러쳐져서 그 깊이감이 온전한 것처럼. 그렇다면 기후 위기와 경제 위기의 틈바구니에서 우리를 지켜줄 울타리는 무엇일까? 도시와 지구의 입장에선 풍부한 숲과 공원과 정원도 분명 소중한 울타리 중 하나일 것이다.

# 작가와 정원

연휴에 『에밀리 디킨슨, 시인의 정원』(마타 맥다월, 시금치)을 펼쳤다. 19세기 미국의 대표 시인이지만 집에 처박혀 사람을 대면치 않던 은둔 작가로만 기억했는데, 정원과 어우러지니 밝게 빛났다. 1830년 보스턴 인근 애머스트에서 태어난 시인은 어릴 적부터 "나는 늘 진흙을 묻히고 다녔"다 할 만큼 정원과 숲을 누비며 자랐고, 식물학을 배우면서 가드닝에 진심인 가족과 열정적으로 정원을 가꿨다. 4백여 식물을 채집했고, 꽃이나 잎을 끼워 보낸 1천여 통의 편지와 자연과 사람 속에서 포착한 1천7백여 편의 시를 썼다. 정원가인 이 책의 저자가 시인을 정원가로 바라본 관점이 신선했다.

『버지니아 울프의 정원』(캐럴라인 줍, 봄날의책)도 다시 꺼내 들었다. 늘 떠오르는 조울증과 자살 얘기가 아닌, 울프 부부가 22년간 영국 남부의 몽크스 하우스를 얻어 집을 고치고 정원을 가꾸던. "지금 이곳에서의 삶이 얼마나 달콤한지. 규칙적이고 정돈된 생활, 정원, 밤의 내 방, 음악, 산책, 수월하고 즐거운 글쓰기"인 생활 이야기다. 인테리어 전문가인 저자가 내셔널 트러스트가 관리하는 몽크스 하우스에 10년간 거주하면서 쓴 이 책은 정원이 작가에게 얼마나 큰 위로를 줬을지 가늠케 한다.

내친 김에 서가를 더 뒤졌다. 체코의 국민작가 카렐 차페크는 『정원가의 열두 달』(펜연필독약)에서 "인간은 손바닥만한 정원이라도 가져야 한다. 우리가 무엇을 딛고 있는지 알기 위해"라고 힘줘 말했지만, 우린 열혈 정원가인 작가가 프라하의 집 정원에서 매월 끊임없이 벌이는 공상과 실수를 낄낄거리며 읽는다. 그 해학 속에 반 나치주의에 엄격했던 작가의 여운이 깊게 스민다. 『헤르만 헤세의 정원 일의 즐거움』(이레)도 찾아냈다. 작가가 독일 가이엔호퍼와 스위스 몬테뇰라 등에서 정원을 가꾸며 이겨낸 삶의 불행, 전쟁과 나치즘 등이 선명히 대비된다. 결론은 정원이나 동네 공원, 아님 작은 화분에서라도 가드닝하는 새해!

# 새를 위한 도시

지난 겨울 안양천 오목교와 목동교 사이 철새보호구역에서 멸종위기 야생생물 I급인 흰꼬리수리가 관찰됐다. NGO인 서울환경연합이 주관한 시민조사단 성과다. 서울시에 따르면 3년 만에 날아온 셈이고, 2011년 조사를 시작한 이후 두 번째. 작년 1월 말 서울시가 전문가와 시민단체 합동으로 서울시 전역을 일제히 조사한 겨울철 조류 센서스에서 총 82종 2만여 마리의 새가 관찰되었는데, 안양천이 40종 3,962마리로 가장 많았다.

도시에서 새가 점점 주목받지 못한다. 그사이 우리도 많은 것을 잃는다. '꾀꼬리 같다'는 표현은 그 소리를 알지 못하니 쓸수 없고, 턱시도 꼬리를 가진 제비의 빠른 비행술을 보지 못하니 '물 찬 제비'라는 표현도 그렇다. 개발에 따른 서식지 감소, 농약 살포로 인한 먹이(곤충) 감소, 길고양이 등 포식자에다 우리나라에서만 하루 2만 마리의 생명을 앗아가는 건물 유리창까지, 도시는 새의 무덤에 가깝다. 하나 인류는 오랫동안 새의 빼어난 노랫소리와 자유분방한 활공에 열광했다. 새는 꽃가루를 옮기고 씨앗을 퍼뜨리고 유해곤충을 먹어 치우는데, 제비 한 마리는 하루에 수천 마리 모기를 잡아먹는다. 새는 단절된 도시 생태계의 강력한 매개자며 존재 자체로 소중한 도시 구성원이다.

뉴욕 센트럴 파크를 누비던 붉은꼬리매 '페일 메일Pale Male'은 뉴요커의 열광적 사랑으로 지원단체가 만들어지고 책과 영화의 주인공이 되었다. 뉴질랜드의 수도 웰링턴 시는 국가 상징동물인 키위새가 되돌아오도록 캐피탈 키위 프로젝트를 추진 중이며, 샌프란시스코와 뉴욕, 시카고 등은 새에게 안전한 건물을 만들기 위한 건축 규칙도 제정했다. 양천구도 환경부와 함께 안양천 철새보호구역에 생태복원 사업을 완료했고, 1~2월엔 어린이와 주민 대상으로 철새 관찰 프로그램도 운영한다. 감나무에 까치밥을 남기던 선조의 지혜처럼 새를 위한 도시를 통해 도시 생명력을 지키는 노력들이다.

# 빨리 봄을 만나는 법


입춘 무렵이면 꼭 검색해보는 날짜가 있다. 찾아보니 올해는 3월 23일. 네덜란드 암스테르담 인근 큐켄호프Keukenhof 개장일이다. 부엌Keuken을 위한 정원Hof이니 채마밭쯤 되는 이름이지만 32만m²에 펼쳐진 튤립 꽃밭은 세계에서 가장 아름다운 봄 정원으로 첫손 꼽힌다. 가으내 하나하나 손으로 심은 7백만 개의 구근은 이른 봄 100종 이상의 튤립으로 일제히 변신해 화려한 날개를 편다. 잎과 줄기의 진초록과 빨강 노랑 하양 보라 등 원색의 꽃대궐은 아직 칙칙한 회색의 겨울을 강제로 밀쳐낸다. 유럽에서 큐켄호프 개장을 봄의 시작으로 여기는 이유다. 1950년 개장했으니 올해로 74년째인데 1년에 딱 8주만 문을 열고 다음 해를 준비하느라 나머지 44주는 문을 닫는다.

구근식물은 공이나 덩어리처럼 생긴 알뿌리를 가진 다년생

풀로, 튤립을 비롯해 수선화, 나리, 아이리스 같은 꽃과 양파, 마늘, 생강, 감자, 고구마 등 채소도 포함한다. 구근Bulbs은 잎이나 줄기나 뿌리에 양분이 집적되어 둥글게 비대해진 땅속 조직으로 싹이 나올 눈을 가졌는데, 심으면 축적된 양분을 활용해 다른 식물보다 빠르게 자라 멋진 꽃을 피운다. 단아한 형상에 꽃이 매혹적인 튤립, 추위에 강해 차가운 마음도 수선하는 수선화, 무게 당 가장 비싼 식재료라는 샤프란을 암술로 갖춘 크로커스, 향기로운 히야신스와 프리지아, 앙증맞은 무스카리 등 구근식물은 이른 봄 도시에서 단연 눈에 띈다.

입춘이 지나니 사뭇 봄 날씨다. 빨리 봄을 만나는 법은 일찍 꽃을 피우는 구근식물을 집에 들이는 것이다. 구근식물은 늘 아름다운 꽃을 약속하는데, 자체 양분이 많아 소위 식린이(식물재배+어린이)도 물만 주면 완벽한 꽃을 피워낼 수 있기 때문이다. 구근에 양분을 비축하는 건 새해를 맞이할 준비고 또 다른 희망의 필요조건이다. 얼마 남지 않은 겨울, 자양분을 충분히 저장해 힘찬 새봄 맞으시길.

# 쓰레기 더미에서 희망의 꽃을

우리 구 청소부서에서 AI 로봇 '쓰샘'을 공원에 시범 설치하고 싶다기에 양천공원 등 5개 공원을 추천했다. 쓰샘은 서울시가 '테스트베드 실증사업'으로 선정 지원하는 혁신제품인데, 빈 페트병을 넣으면 선별 압축해 수거하는 기계로 포인트를 적립해 음료 쿠폰이나 쓰레기봉투, 기부 등으로 돌려준다. 양천구 공원에서만 1년이면 75ℓ 종량제봉투 3만1천 장과 같은 용량의 플라스틱 재활용마대 1만7천 장을 소비한다. 플라스틱만 하루 47장분 3천5백ℓ니 45kg 정도고, 15g인 500㎖ 생수병으로 환산하면 매일 3천 개씩 버려지는 셈이다.

예상했다시피 코로나19로 플라스틱 쓰레기 배출량이 크게 늘었다. 집콕하면서 배달 의존도가 높아졌기 때문. 한 사람이 매일 발생시킨 플라스틱 쓰레기가 2016년 110g에서 2020년 236g으로 2.14배 늘었고, 연간으로 따져도 88kg으로 미국과 영국에 이은 세계 3위다. 공동주택은 세대별로 월마다 18kg이 배출돼 3천 세대 아파트마다 50톤의 폐플라스틱이 수거된다.

공원에선 자연물도 쓰레기다. 숲에 쓰러진 나무나 나뭇가지는 생태적 역할도 커 그냥 두고 싶지만 민원 때문에 일부는 자르고 들어내 폐기물로 처리한다. 전국적으로 매년 가을 30만 톤이 떨어지는 낙엽도 문제다. 쓰레기가 섞이지 않도록 모아 퇴비화하면 좋으련만 대부분 종량제봉투에 담겨 소각장으로 직행한다. 비용과 효율이 합쳐져 비효율을 낳는 셈.

희망도 있다. 산과 강과 공원에서 쓰레기를 줍는 노력이 커지면서 플로깅, 줍깅, 쓰담, 클린 마운틴, 클린 리버까지 용어도 다채롭게 확장된다. 재활용을 넘어 업사이클도 붐이라 플라스틱 쓰레기로 만든 화분이나 벤치를 공원과 거리에 도입하려는 움직임도 활발하다. 제로웨이스트를 향한 노력으로 쓰레기를 줄이고 가치 소비를 뜻하는 '미닝 아웃Meaning Out' 트렌드로 ESG 경영도 견인하자. 결국 쓰레기 더미에서 희망의 꽃을 피우는 건 우리 몫이다.

# 노인을 위한 공원은 없다

국회에서 노인공원을 법제화하는 법률 개정안이 발의됐다. '도시공원 및 녹지 등에 관한 법률'에 도시의 기반이 되는 생활권 공원의 종류로 소공원, 어린이공원, 근린공원을 규정하고 있는데, 여기에 노인공원을 추가하자는 것. 노인의 신체적 특성을 고려한 노인공원을 통해 노인 여가시설을 확충할 법률적 근거를 마련한다는 좋은 취지지만 종류를 신설한다고 공유지가 부족한 도시에 금세 노인공원이 들어서기는 어려운 데다, 자칫 배제의 대상으로 전락할 수도 있다.

우리나라 65세 이상 노인 비율은 2000년 7.2%에서 작년 17.5%까지 빠르게 늘었다. 2025년 20%를 넘겨 초고령사회로 진입하고 2050년에는 40%를 넘어선다. 숫자로 보면 작년 900만 명이던 노인 인구가 2040년에는 1,700만 명, 2050년에는 1,900만 명으로 늘어날 예정인데, 14세 이하는 노인 인구의 1/4에도 못 미친다. 인구 추이에 따른 공원 차원의 선제적 대응이 요구되는 이유다.

양천구에는 전국 최초의 노인공원이 있는데 신월7동 '오솔길 실버공원'이다. 어려운 어르신이 많이 사시던 지역의 기존 공원을 2005년 노인공원으로 재정비했다. 신월2동 '장수공원'은 신월로를 따라 2004년 조성한 선형공원으로 이름부터 어르신들의 사랑을 듬뿍 받는다. 올해 양천구는 공원 내 40년이 넘은 낡은 경로당 5곳을 새롭게 고쳐 짓고, 서울시의 지원으로 장수공원에 '서울형 어르신 놀이터'를 새롭게 설치한다.

접근성을 고려할 때 몇몇 공원의 변화만으로는 부족하다. 모든 공원의 시설이 노인 친화적이고 배려심 넘치게 바뀌어야 한다. 나아가 노인뿐 아니라 장애인, 유아 등 모든 사회적 약자도 장애 없이 함께 어울릴 수 있는 소셜 믹스Social Mix의 장이어야 한다. 어린이 없는 어린이공원도 문제지만, 누군가에겐 기피의 대상이 될 수 있는 노인공원도 마찬가지다. 노인을 위한 공원보다 모두를 위한 공원을 준비할 때다.

# 평범함의 힘

봄이 더 깊어지길 기다려 울산 태화강에 가려 한다. 피트 아우돌프Piet Oudolf(1944~)의 정원을 만나기 위해서다. 아우돌프는 세계에서 가장 유명한 정원 디자이너로, 그가 설계한 태화강 국가정원 내 1만8천m² '자연주의 정원'은 국내외 가드너 스무 명과 울산 시민정원사 360명이 참여해 작년 10월 조성됐다. 이곳에 심어진 122종 48,000포기 풀과 꽃은 한 해를 견디고 이제 땅속에서 새로운 봄 기지개를 펼 준비가 맹렬할 것이다.

그가 세계적으로 유명해진 건 뉴욕 하이라인 파크 덕분이다. 1960년대 폐쇄된 맨해튼 서남부의 낡은 고가철도는 2009년 선형공원으로 재탄생되면서 뉴요커는 물론 세계인을 압도했다. 특히 북미 원산의 여러해살이풀(뿌리로 겨울을 나는 다년생 풀)과 그라스류(벼과 식물)를 자유자재로 조합해, 언뜻 황폐해 보이지만 환상적인 색상과 질감이 어우러진 대초원Prairie 같은 녹지가 인상적이다.

아우돌프는 뒤늦게 독학으로 공부했고 1982년에야 네덜란드 동부 후멜로Hummelo에 농장을 열었다. 유행이던 크고 화려한 꽃 중심의 정원식물이 아닌 지역에 자생하는 다양한 여러해살이풀과 그라스류를 수집 선발해 육종했다. 많은 재배와 관찰을 통해 여러 식물을 섞어 심는 복잡성 속에 조화와 통일을 이루고 사계절 아름다우며 관리도 용이한 정원으로 유럽에 이름을 알렸다. 북미 첫 프로젝트였던 시카고 밀레니엄 파크의 루리 가든을 통해 던진 신선한 충격은 뉴욕 배터리 파크와 하이라인으로 이어졌다.

루리 가든 조성 시 시카고 인근 슈렌버그와 마컴 대초원에서 발굴한 자생식물을 도입해 기존 디자인을 변경한 사례는 자연과 정원을 대하는 그의 태도를 잘 보여준다. 작은 꽃에 개의치 않고 잎과 가지, 씨앗, 겨울 모습 등 숨은 아름다움을 찾는 것. 지천에 많은 평범한 것들이 켜켜이 모여 물 흐르듯 조화롭게 큰 힘을 발휘하는 것. 이는 세상을 지탱하는 민초들의 힘과 일맥상통한다.

# 강을 기억하는 것

대부분 네모난 집에 산다. 집은 네모난 건물 속에 있고 건물
은 네모난 블록 속에 있다. 길은 이 네모난 필지와 블록을 직
각으로 가로지른다. 그래서 도시에선 직각으로 걷는 것에 익
숙하다. 양천구도 그러한데 목동 아파트 단지나 1960년대 이
후 주거환경 정비사업으로 형성된 지역이 대표적이다. 간혹
부정형의 길도 있다. 주로 언덕배기 지형을 따라 오래전부터
형성된 동네다. 구불구불 좁은 길은 주행과 주차는 힘겹지만
구석구석 걷다 보면 생생한 역사를 마주한다. 가끔 평탄한
지역에서 완만하게 휘어지는 너른 길을 만나는데, 이건 필경
강줄기다.

허리가다천. 서울답사가 김시덕 박사가 찾아낸 양천구를 한
때 주름잡던 강 이름이다. 독특한 이름의 이 강은 양천구 신
월5동 수명산에서 발원해 신월1동을 가로질러 옛 경인고속

도로를 건너고 신월4동을 지나 동쪽으로 물길을 꺾어 장수공원 지하로 파고들며 작은 언덕을 넘는다. 신정네거리역과 제일시장을 휘돌고 목동 10, 11단지를 가로질러 신정차량기지와 갈산공원 사이를 S자로 틀면서 대망의 안양천에 안긴다. 양천구의 서북쪽 끝에서 동남쪽 끝까지 이어지는 주름진 물줄기는 전 구간이 도로로 덮인 복개천覆蓋川이라 상상 속에서만 탐사 가능하다.

양천구는 이름 자체로 볕 양陽 내 천川이니 양지바른 수변도시다. 서고동저 지형이라 물은 동으로 흘러 안양천과 만나고 북으로 흘러 한강에 이르는데, 옛 지도엔 허리가다천을 비롯한 수많은 내와 수로가 그물망처럼 새겨 있다. 20년 전 청계천 복개도로를 걷어내 녹지와 물길을 복원하니 기온이 낮아지고 산책을 하고 지역이 바뀌었다. 이후 한강르네상스를 지나 최근 서울시가 절찬 추진 중인 '수변감성도시 프로젝트'도 마찬가지다. 물길을 복원하고 친수공간을 확대함으로써 도시가 공존하게 또 지속가능하게 만든다. 강을 기억하는 것, 그리고 콘크리트에 덮인 강줄기를 여는 노력이 결국 도시를 살릴 것이다.

# 목련처럼

목련木蓮이 피었단 소식에 부랴부랴 제주도엘 다녀왔다. 80여
종의 목련이 자라는 서귀포 베케정원에는 형형색색의 목련꽃
이 하늘에 매달려 별처럼 빛났고, 땅에는 수선화와 은방울수
선이 아직 떠나지 않은 겨울과 어울리며 카펫처럼 펼쳐져 빛
났다. 우리나라 자연주의 정원의 기수격인 김봉찬 정원 디자
이너 겸 육종가가 반가이 맞아주었다. 환상적인 분홍빛 꽃잎
이 20~30개로 가늘게 갈라진 별목련 '제인플랫' 아래에서,
이른 봄 목련의 역할에 대해, 큰나무 심을 욕심에 늘 실패하
는 정원과 조경에 대해, 정원식물을 육종하거나 연구하지 않
는 대학과 산업에 대해 종횡무진 이야기를 나눴다.

공룡이 지배하던 백악기부터 출현한 최고참 활엽수 목련은
당시 벌과 나비가 나타나기 전이라 꿀 없이도 현재까지 살아
남았다. 대신 이름蓮 지어진 대로 연꽃처럼 크고 아름다운 꽃

과 목란木蘭이라는 별칭처럼 난초에 버금가는 진한 향기로 딱정벌레를 유혹한다. 추위가 채 가시지 않은 이른 봄 만개하기에 전 세계 수목원·식물원에서는 목련을 최고의 정원수로 대접해 무던히 수집하고 또 품종을 개발한다. 특히 충남 태안의 천리포수목원은 세계에서 가장 많은 871가지 분류군을 보유한 명소로, 매년 4월 중순부터 개최되는 목련축제 때에만 비밀의 화원을 개방한다.

'목련꽃이 지고 나서야 살구꽃이 핀다'는 옛 시구(辛夷花盡杏花飛)처럼 목련은 겨울이 물러가지 않은 갈색 정원에서 첫 꽃을 피워내며 이른 봄 정원의 한 철을 오롯이 책임진다. 꽃이 진 후 우렁우렁한 잎을 내고 시큼한 열매辛夷도 맺지만 이미 다른 꽃에 가리어 보이지 않는데, 그 자리에서 겨울까지 오래 준비한다. 목련이 그 큰 꽃을 이른 봄에 피워낼 수 있는 건 오랜 준비 덕이다. 목필木筆이라는 별칭을 붙여준 붓 모양의 커다란 꽃눈은 가으내 만들어진다. 목련처럼 보이지 않는 곳에서 묵묵히 준비하고 주어진 시간을 맞아 빛나며 오롯이 책임지는 삶을 꿈꾼다.

# 시민과학자와 초속 55cm

봄꽃 정보를 수집해 봄의 속도와 시기를 확인하는 시민과학 프로젝트인 'alook꽃 프로젝트'에 참여했다. 우선 집 근처인 서울 종로구 소격동 국립현대미술관 마당에 핀 매화와 미선나무 꽃을 기록에 올렸다. 식물과 기후의 관계를 분석하는 생물기후학의 일환인데, 산림청과 서울대 등이 연구하지만 모든 지역을 다룰 순 없으므로 시민과학자들이 집단지성 데이터를 공유한다. 작년에도 같은 방식으로 벚꽃을 분석한 결과 3월 25일 제주에서 시작해 4월 4일 서울까지 만개함으로써 딱 열흘이 걸렸음을 확인했다. 480km로 환산하면 하루 48km씩이니 봄이 북상하는 속도는 느긋한 보행속도인 초속 55cm였다. 내친김에 10년 전부터 운영된 우리나라 원조 생물다양성 모니터링 플랫폼 '네이처링' 앱도 깔아 공유했다.

'시민과학'이 뜬다. 자원봉사나 취미를 넘어 활동 역량이 커진 시민과학자가 전문 연구를 돕고 또 확장시키는 것. 민간 역량과 디지털 과학이 공공성을 만나 맺은 결실인데, 다양한 분야 중 지역성이 강한 생물다양성 쪽에서 특히 활발하다. 서울시가 1999년 조성한 길동생태공원이 대표 격인데, 그간 '길동지기'라는 생태모니터링 자원봉사자를 지속적으로 양성·운영해왔다. 이들이 24년간 만든 각종 보고서와 1천 건이 넘는 교재는 물론, 생태, 식물, 곤충 등 공식 발간된 출판물만 수십 종. 특히, '한국의 파브르'로 불리는 정부희 박사는 길동생태공원 자원봉사를 계기로 곤충에 입문해 20종의 책을 저술했고, 길동지기 출신 4명의 석·박사는 물론 다수가 시민과학자로 열혈 활동 중이다.

NGO 활동이나 개인적 관심과 노력을 통해 시민과학자의 길로 들어선 사례도 늘어간다. 시민과학자는 대부분 지역 중심으로 활동하기에 지역 문제에 밝으며 일방적 주장이 아닌 과학적 해결책을 제시함으로써 지역에 공헌한다. 기후 위기와 인공지능의 거대한 변화 속에서도 지역에 기반한 시민과학자들이 오고 있다. 초속 55cm의 기민한 속도로.

# 살구꽃의 실재

기상청에서 서울에 벚꽃이 피었다고 발표했다. 작년에 비해 열흘이나 빠르다. 기준은 종로구 송월동 기상관측소 앞 왕벚나무에 세 송이 이상 꽃이 핀 날. 꽃길만 걷고 싶다면 이 발표를 잘 해석해야 하는데, 벚꽃이 덜 피었다는 뜻이다. 실제 개화에서 만개까진 5일 정도 걸리니, 서울 벚꽃은 이번 주 중후반 만개한다. 여의도 윤중로를 비롯한 강변 쪽은 더 빠르고, 남산순환로 같은 산자락은 5일 이상 더디다. 주말 내내 우리 동네 곳곳에서 상춘객들이 벚꽃이라 착각하며 줄지어 사진 찍던 꽃은 기실 살구꽃杏花이었다.

봄의 상징처럼 여기는 왕벚나무가 한반도에 심어진 건 일제강점기 이후일 뿐, 이전에는 살구나무가 대세였다. 장대하게 자라는 데다 까만 가지에 달린 압도적인 흰 꽃은 향기도 짙어 새와 벌도 애정한다. 열매는 새콤하고 영양도 풍부한 데다 씨앗杏仁은 한약재로 유명하고 기름을 짜 화장품에도 쓴다. 목질이 치밀해 목탁이나 다듬이 재료로도 높이 칠 정도니, 꽃이 좀 해사한 벚꽃과 비교해도 이점은 차고 넘친다. 북한에서는 해방 후 일제 잔재로 치부해 왕벚나무를 모두 제거하고 살구나무를 집중적으로 심어, 지금도 평양시 주체탑거리나 개선문거리는 살구나무 가로수 꽃길로 유명하다.

借問酒家何處在 술집이 어디에 있느냐 물으니
牧童遙指杏花村 목동이 멀리 살구꽃 핀 마을을 가리키네.

중국 당나라 시인 두목杜牧이 지은 한시 '청명淸明'은 살구꽃 철마다 떠오른다. 조선조부터 지난 세기 중반까지 막걸리집 주련에 위 시구를 걸거나 문 앞에 살구나무를 한두 그루 심곤 했단다. 여기에 '살구꽃이 필 때면 내 사랑 순이가 떠오른다'는 가수 나훈아의 '18세 순이'나, 한국인의 영원한 18번 '고향의 봄'의 '복숭아꽃 살구꽃 아기 진달래'도. 만개한 꽃과 그 감성까지 더해져 주말 내내 충만했다. '매우 그럴듯한' 인공지능 시대와는 대비된 '실재'하는 살구꽃의 향연이었다.

# 식목일植木日의 한계

지난 봄 서울 인왕산 산불로 15ha의 숲이 불탔다. 먼 곳의 난리만 접하다 동네일이 되니 당황했다. 우리 구청 직원도 일부 현장으로 출동했고, 상춘객까지 몰리는 계절과 장소라 가슴 졸였다. 인명 피해는 없었지만 나무와 풀 그리고 뭇 생명들은 피해가 컸을 것이다. 등산객 실수를 거론하지만 결국 주범은 기후 위기와 자주 동반하는 봄 가뭄이고, 그마저도 봄비가 내리면 쉬이 잊힌다. 만일 식목일이 없었고, 인왕산이 옛 사진처럼 바위산에 민둥산 그대로였다면 산불이 없었을까? 하는 객쩍은 생각까지 들 정도였다.

1948년 제정된 식목일은 박정희 대통령의 1960년대를 거치며 엄청난 성과를 거뒀다. 1961년 '산림법'과 '임산물 단속에 관한 법률'이 제정되어 무분별한 나무베기가 금지됐고, '연탄'의 명칭과 규격을 정부가 지정하는 가정용 난방의 변혁이 동시에 시작됐다. 1962년부터 10년간 제1·2차 경제개발계획기간에만 165만ha의 숲을 새로이 만들었고, 그 사이 1967년 산림청이 창설됐다. 1973년부터 1987년까지 제1·2차 치산녹화사업으로 남한 면적의 20%에 달하는 205만ha 민둥산에 95억 그루의 묘목을 심어 숲으로 바꿨다. 1982년 유엔식량농업기구FAO가 한국을 제2차 세계대전 이후 산림 복구에 성공한 유일한 나라로 공인했을 정도다.

하나 그 이후 식목일은 숲의 시대적 변화를 선도하지 못했다. 2006년 공휴일에서 제외된 건 상징적이다. 나무 심을 땅도 없고, 산불은 점점 더 대형화한다. 자원으로써의 숲도 휴양으로써의 숲도 마찬가지다. 기후 위기를 극복하는 탄소흡수원으로써의 숲도 기후 위기만큼 중요히 여겨지는 종다양성 보전도 숲이 제대로 주도하지 못하는 건 뼈아프다. 식목일을 제정한 지 75년, 치산녹화의 원년으로 기념하는 1973년이 딱 50년 전이다. 이름 그대로인 식목일植木日은 이제 한계에 다다랐다. 새로운 이름과 가치로의 재탄생을 고대한다.

# 모두를 위한 공원

0.78명과 0.59명. 어느덧 숫자를 외웠다. 작년 우리나라와 서울시의 합계 출산율이다. 관련 기사를 보니, 20대 여성 중에 '결혼은 반드시 해야 한다'가 8.3%, '자녀는 반드시 낳아야 한다'가 10.2%로 20대 남성과 비교해 1/4 수준이었다. 하긴 사회적 성취를 이루기 어려운 요인으로 결혼이 47.5%, 출산이 68.7%라 답했으니 당연한 결과. 문제는 '불안'이다. 나의 불안뿐 아니라 태어날 자녀도 마찬가지다. 드라마 '더 글로리'도 현재 진행형이고, 내가 겪은 입시와 취업 경쟁을 자녀가 다시금 반복할 것도 분명하다. 취업 후에는? 그나마 안정적이라는 신규 공무원 퇴직률도 최근 20년간 10배나 늘었다.

누구에게 책임지울 수 있을까? 가능하겠지만 해결책은 아니다. 오히려 분야별로 고민할 문제다. 육아와 연결고리가 있는 '공원'도 그간의 부족함을 고쳐야 한다. 우선 공원에 명품 국

공립 어린이집을 도입하자. 어린이는 줄어들지만 누구나 선망할 멋들어진 숲속 보육시설을 이젠 갖고 싶다. 여기에 지구와 뭇 생명을 지키는 커리큘럼이라면 금상첨화. 두 번째로 공룡, 어류, 우주 등 전문성 있는 체험공간을 확보하자. 개인적으로 유아였던 아들과 자연사박물관과 아쿠아리움을 부단히 다녔는데, 공원과 달리 아이가 일정 시간 이상 집중해서였다. 공원에는 특화된 콘텐츠가 더 요구된다. 세 번째로 자치구별 2~3개의 거점 놀이터가 필요하다. 한강 광나루 모두의 놀이터(6천㎡)같은 대형 놀이터는 언제든 아이가 열광하며 달려갈 핫플이다.

그간에도 공원 구석구석 안전을 위해 야간 조명을 꼼꼼히 개선하고, 계단 대신 경사로를 확대했다. 화장실과 수유실을 개선했고 양천구 공원에만 키즈카페 3개소를 만든다. 여성과 육아를 앞세웠지만 이 모든 노력들은 '모두를 위한 공원'을 만드는 일이다. 출산율에 화들짝 놀란 우리에게 진짜 필요한 건 소외되는 이 없이 불안을 잠식시킬 공원과 도시의 혁신이다.

# 4월 신록新綠의 역설

거리와 공원에 짙붉은 철쭉꽃이 융단처럼 펼쳐지지만, 지금
은 숲으로 가야 한다. 신록이 절정이기 때문이다. 연둣빛과
연초록빛 신록의 그라데이션이 상록수의 진녹색 잎과 검붉
은 나무껍질에 대비된 모습은, 숲을 무대로 봄볕이 연출하는
벅찬 광경光景이다. 신갈나무 숲은 이미 물이 올라 연둣빛 새
잎을 펼쳤고, 층층나무와 팥배나무는 연초록 잎을 밀어 올린
뒤 꽃 몽우리를 빚고 있다. 아직 귀룽나무나 산벚 같은 벚나
무류와 꽃사과, 아그배, 야광나무 같은 사과나무류는 흰 꽃
으로 숲 구석구석을 환히 밝히지만, 뒷배경으로는 이미 신록
을 준비해 둔 터.

신록에 취해 서울 양천구 신정산 둘레길을 걷는데 아까시나
무에 새잎이 솟았다. 나무 중간 높이로 지나는 무장애 데크여
서 눈에 띈 것인데, 깜짝 놀랐다. 본래 늦되는 아까시나무에

물이 올라 신록이 짙어질 때는 매년 산림 공무원을 괴롭히는 봄철 산불 비상 대기의 해제일인 5월 15일 전후였기 때문이다. 대략 한 달이나 이른 셈. 참, 4월의 신록이라니? 신록은 본래 5월의 몫이었다. '4월의 꽃, 5월의 신록'이 자연의 이치임은 책과 경험으로 배웠다. 한데 한 달 빨라진 '3월의 꽃, 4월의 신록'이라니. 이런 추세면 언제고 '2월의 꽃, 3월의 신록'으로, 또, '2월의 꽃과 신록'으로 바뀔 수도.

봄꽃이 철모르고 피니 인간의 축제가 뒤죽박죽이다. 신록이 철없이 움트면 자연의 섭리도 엉망진창이 된다. 겨울이 짧아져 춘화처리가 덜 된 온대식물이 봄마다 꽃이나 제대로 피울 순 있을지? 한라산과 지리산에 자생하던 구상나무숲이 한꺼번에 말라 죽는 현상처럼, 아열대숲으로 전환할 기회도 없이 문득 제6차 대멸종에 합류할지도 모른다. 기후 위기로 야기된 불안정한 날씨로 봄과 여름이 빨라지고 가뭄과 산불, 홍수와 산사태가 짝꿍처럼 반복된다. 찬란한 4월의 신록을 무작정 반길 수 없는 건, 회복력Resilience의 시대를 구축해야만 하는 희망의 난제가 크고 급박한 탓이다.

# 맨발의 청춘靑春

공원은 변하지 않는다는 선입견이 있지만, 실은 계속 변한다. 봄 여름 가을 겨울의 계절 변화는 물론 공원에 설치하는 시설도 유행을 탄다. 놀이터도 예전과 다르고 운동기구도 계속 발전하는 데다, 심지어 공원에 심는 나무도 유행이 있을 정도. 공원 이용법도 시대에 조응한다. 산책, 휴식, 달리기, 헬스에 공연, 전시, 체험, 반려까지 다양하게 조합된다. 그런 측면에서 요즘은 맨발걷기가 대세다. 다양한 기술을 통한 빅데이터 분석이 유행이지만 공무원은 민원民願이라는 전통적 빅데이터를 보유한다. 우리 부서만도 연 2천 건이 넘는 민원을 통해 생생한 흐름을 읽을 수 있는데, 작년부터 꾸준히 맨발길을 새로 만들거나 정비해 달라는 요청이 쇄도 중이다.

본래 맨발공원이라 불렸던 지압보도가 있었다. 다양한 재질과 형태의 이것은 1990년대 말 공원에 도입돼 10년 이상 인기 시설로 입지를 다져왔는데, 최근에는 이용자를 찾기 어려울 지경이다. 잠잠하던 수요는 맨발로 걷는 흙길로 옮겨왔다. 새로운 열광은 좋은 선례와 효과 덕이다. 2006년 지역기업이 만든 대전시 계족산 황톳길(14km)이 선구자였고, 2020년 설치된 서울 양천구 안양천 황톳길(570m)과 강남구 양재천 황톳길(600m) 등 노력도 이어졌다. 여기에 지난 4월초 개장한 순천만국제정원박람회의 어싱길(12.5km)도 킬러 콘텐츠로 자리 잡는 상황. 맨발걷기Earthing의 효과로 거론되는 수많은 논거에 대한 검증은 과학의 영역이지만, 걸으며 자연과 접촉하는 게 건강에 좋을 것은 상식에 속한다.

흐름에 맞춰 양천구도 맨발로 걷는 흙길에 대한 종합계획을 수립 중이다. 안양천 오금교 주변에 황톳길을 추가로 조성하고, 주민이 자연스럽게 맨발로 걷던 용왕산, 지양산, 신정산 흙길도 정비한다. 곰달래공원과 목동IC 녹지대 등 동네 구석구석에 흙길을 추가하는 것까지. 청춘靑春이 말 그대로 '푸른 봄'이라면, 맨발의 청춘은 지금부터다.

# 곰배령과 균형

천상화원天上花園이라 불리는 강원도 인제군 곰배령에 다녀왔다. 몇 해 전 술자리에서 "아무리 삶에 치여도 그렇지, 사람이라면 봄마다 (꽃 보러) 곰배령 정도는 한 번씩 다녀와야 하지 않아?"라고 호기롭게 주창한 결과가 매년 이어진다. 설악산 남쪽 점봉산(1424m)은 한반도 전체 식물종의 1/5에 달하는 854종이 자생할 정도로 생물다양성이 높아, 설악산국립공원(1970년), 유네스코 생물권보전지역(1982년), 산림유전자원보호구역(1987년)에다 백두대간보호지역(2005년)까지 겹쳐 철통처럼 보호된다. 이런 연유로 점봉산은 1987년부터 현재까지도 입산 금지구역인데, 이 산 남쪽 자락을 생태탐방 목적으로 2009년 7월부터 사전예약(1,250명/일)을 받아 개방한 구간이 바로 곰배령(1164m)이다.

등록 명부를 QR 코드로 확인한 뒤 숲으로 들어서니, 스위치를 켠 듯 세상이 바뀐다. 그늘 깊은 숲은 서늘하고 촉촉하니 공기가 농밀하고 계곡 물소리는 우렁차다. 하늘은 신갈나무와 서어나무를 비롯 전나무나 산벚나무 등이 가득 뒤덮다 고도가 높아지며 신갈나무만 듬성듬성 남더니 바람 거센 정상부에선 하늘이 열리며 초원이 펼쳐졌다. 땅은 가히 '화려강산' 그 자체인데, 보기 힘든 노루귀가 잡초처럼 번지고 고귀한 관중은 부끄러운 줄 모르고 아무 데서나 큰 잎을 펼쳤다. 그 사이사이 홀아비꽃대와 매화말발도리, 미나리냉이, 흰제비꽃, 개별꽃, 홀아비바람꽃은 하얗게, 산괴불주머니, 피나물, 동의나물은 노랗게, 벌깨덩굴, 현호색은 파랗게 내내 주변을 밝혔다.

우리가 곰배령에 열광하는 이유는 길지 않은 구간(4~5km)을 여유롭게 걸으며 고도를 달리해 다양한 꽃과 나무가 펼쳐진 건강한 숲에 실재實在하기 때문이다. 높은 생물다양성에는 이토록 다양한 구성원이 공존하는 '균형'이 핵심인데, 이는 질서를 위협하는 문제적 생물종(인간)을 철저히 조절한 덕분이기도 하다. 때론 인간의 물러섬이 긴요한 이유다.

# 공원이 된 학교들

주4일제처럼 주말마다 연휴가 이어졌다. 휴일엔 동네를 산책하는데 연로로 반복되는 코스가 지겨워 삐딱선을 탔다. 모처럼 서울 사대문 안 작은 공원을 돌아보기로 한 것. 먼저 안국동 사거리에서 조계사 뒷길로 빠져 수송공원에 닿았다. 1980년대 초 중동고와 숙명여고가 강남으로 이전한 터엔 서머셋 등 빌딩이 섰고, 그 사이 자투리땅이 남겨져 공원이 됐다. 빌딩 사이 큰 나무들이 깊은 그늘을 드리우는 도심 속 숨은 쉼터.

종로에서 서쪽으로 길을 잡았다. 덕수초 앞 덕수궁 선원전 복원이 드디어 시작됐기 때문인데, 이 땅은 옛 경기여고 터다. 신문로를 따라 서울고의 서초동 이전으로 복원된 경희궁도 들렀다. 이어 남쪽으로 정동길을 내려 옛 배재고 운동장이 러시아 대사관으로 바뀌며 옹색하게 남은 배재공원을 가로

질렀다. 내친 김에 만리재까지. 목동으로 이전한 양정고 옛터만이 오롯이 손기정공원으로 남았다.

청계천을 따라 동쪽으로 걸었다. 연지동에서 잠실로 옮겨간 정신여고는 큰 회화나무 한 그루를 남겼다. 인근 연지동 1번지는 옛 동대부고 자리인데 현대그룹 빌딩을 지으며 작은 연지공원이 남았다. 율곡터널을 넘으니 원서공원이다. 휘문고가 대치동으로 이전한 터에 현대건설이 사옥을 짓고 일부에 원서공원을 조성했다. 작년 재단장한 원서공원은 꽤 세련되어져 종종 커다란 회화나무 곁에 앉곤 한다. 재동 옛 창덕여고는 이제 헌법재판소라 담 넘어 백송을 바라다보는 정도다. 하긴 창성동 진명여고 옛터는 보안시설이라 볼거리도 없다. 산책은 풍문여고가 이사 간 서울공예박물관을 거쳐 경기고가 떠나간 정독도서관으로 끝났다.

1976년 경기고를 필두로 한 학교 이전은 강남 개발을 매조졌다. 떠난 터는 문화재로 복원되거나 공공기관이 입주하거나 공원으로 활용되거나 민간에 매각·개발되며 일부만 공원으로 남았다. 극심한 저출생으로 어린이집과 학교가 줄줄이 사라질 예정이다. 앞서 공원이 된 학교들로부터 통찰력 있는 교훈을 얻을 때다.

# 혁명여걸과 회화나무

지난주 강남으로 이전한 학교들 칼럼에 조인숙 건축가(다리건축)께서 종로구 연지동蓮池洞 정신여학교를 1967년부터 중·고교 6년간 다녔다며 댓글을 주셨다. 당시 학교 잔디밭에서 건축을 틀고 책을 읽거나 함께 노래 불렀던 추억, 학교 상징이던 500살 회화나무, 옛 교사를 문화재로 등록하려는 노력까지. 실제 이 주변은 역사적 인물과 사건으로 빼곡하다.

우선 여성독립운동가로 첫 손 꼽는 김마리아 여사(1892~1944). 독립운동사에서 '혁명여걸', '기독교계 항일 여성운동의 대모' 등 수식어를 갖는 그의 위상은 오만원권 신규 발행시 초상의 주인공으로 거론됐을 정도다. 정신여학교를 나와 도쿄 유학 시 '2.8독립선언'에 참여해 선언서를 국내에 몰래 반입하는 등 3.1운동에 기여하고, 옥고를 치른 후 결성한 애국부인회를 교내에서 비밀리에 이끌었다. 일제의 검

문을 피해 비밀문서, 태극기, 국사책을 회화나무 빈 가지 속에 숨긴 일화까지. 이후 상해로 망명해 임시정부에서 활동하고 도미해서도 독립운동에 헌신했으며, 귀국 후 일제의 감시 속에서 기독교계 독립운동을 이끌었다. 해방 1년 전 안타깝게 순국한 그는 모교 회화나무 앞에 흉상으로 남았다.

미국 북장로회가 종로5가 현 효제초 자리에 있었던 연지蓮池의 서편 구릉지 6만m²를 매입해 연동교회를 연 것이 1894년, 교회 옆에 정신여학교를 세운 것이 1895년이다. 이후 이 터는 항일의식 가득한 기독교 타운이 되었다. 이준 열사나 이상재 선생, 김상옥 열사가 연동교회 교인이고, 김마리아 여사뿐 아니라 정신여학교 역사 자체가 일제와 맞선 사건의 연속.

현재도 연동교회를 비롯해 기독교회관, 100주년기념관, 여전도회관 등 일대는 기독교의 핵심부다. 다만 중심인 정신여학교가 이전한 후 건물과 운동장은 쇠락하고 회화나무도 활력을 잃었다. 부디 이곳이 치열했던 독립운동과 기독교 정신을 되짚는 공간으로 재탄생해 회화나무가 활력을 되찾길 염원한다.

# 심지 않은 나무

길에서 접하는 모든 건 업무와 연결된다. 바닥의 재료와 색도 그렇지만 길의 폭과 방향과 경사와 연결, 길 좌우로 접하는 공간과 담장의 높이나 재질까지. 길에서 느끼는 감흥은 공원에도 똑같이 대입되기 때문이다. 특히 삭막한 도시의 길에서 만나는 초록 식물은 각별하다. 공원에서는 주연배우지만 길에선 사람과 차의 통행에 밀려 조연급으로 업신여겨지기에. 척척 심겨 시원한 그늘을 주는 가로수도, 아기자기한 관목과 꽃으로 구성된 가로정원도, 벽과 담을 타고 오르는 덩굴의 초록빛도 길과 한껏 어울린다. 지금 거리엔 마로니에와 감꽃이 피고 쥐똥나무꽃의 짙은 흰 향기가 넘친다.

길에서 사람이 심지 않은 나무를 만나는 건 더 특별하다. 집 앞 빌딩 모퉁이에는 느릅나무 두 그루가 4년째 사는데, 아무도 심지 않은 녀석들은 빌딩주의 암묵적 허락 하에 서서히 몸집을 불리는 중이다. 인근 관광안내소 좌우로도 느릅나무가 터를 잡았는데 올봄 오른쪽 녀석은 톱질을 당했다. 눈에 띄는 자리였기에 예상했건만, 아직도 버티며 재기를 노린다. 동네 카페 앞에 뿌리내린 뽕나무가 생존하는 건 손님께 사랑받는 맵시와 서늘한 그늘 덕.

쓰임새 외로 좀체 곁을 주지 않는 길에서 심지 않은 나무가 살아남는 비결은 위치 선점과 순발력, 강인함과 멋이다. 통행에 불편이 없도록 벽이나 모서리에 잘 붙어야 하는데 너무 커지면 도리어 잘릴 수 있어 안심은 금물. 싹이 트면 재빨리 형태를 갖추는 순발력도 필요하고, 비료나 물은 언감생심이니 홀로 강인하게 커야 한다. 잎은 깔끔해야 하고 수형은 맵시 있어야 하며 벌레도 금기다. 느릅나무는 맵시 있는 수형과 귀여운 잎이, 뽕나무는 노릇한 가지와 말끔한 잎이 매력적이다. 오동나무나 가죽나무가 외면 받은 건 큰 낙엽과 지저분한 이미지 때문이었다. 이렇듯 도시와 길에서 만나는 심지 않은 나무의 삶은 이방인처럼 신산하다. 너그러움 가득한 포용성 있는 도시가 결국 지속 가능할 터다.

# 정원도시의 완성

지난주엔 뜻깊은 일이 많았다. 우선 황지해 가든 디자이너가 세계 최고의 정원박람회인 '첼시 플라워 쇼'에서 '백만 년 전으로부터 온 편지'라는 작품으로 쇼가든 부문 금상을 받았다. 2012년 'DMZ: 금지된 정원'으로 최고상을 받은 지 11년 만이다. 찰스 3세 영국 국왕이 지리산 자락의 약초군락을 재현한 정원을 관람한 뒤 황 작가를 포옹하는 사진을 보며 작가의 오랜 투병 기간이 떠올라 만감이 교차했다. 다음 날 서울에선 오세훈 서울시장이 '정원도시 서울' 구상을 직접 발표했다. 비움, 연결, 생태, 감성을 핵심 전략으로 2,507개의 새로운 정원을 만들고, 2,063km의 초록길을 통해 5분 거리 정원도시를 가꾸는 포부다. 가히 정원이 대세였던 한 주.

영국의 사회개혁가인 에베네저 하워드Ebenezer Howard가 『내일의 정원도시』라는 책을 통해 정원도시를 주창한 것이

1902년. 산업혁명과 급격한 도시화의 이면에 열악하기 짝이 없던 도시민의 정주환경을 개선하기 위한 이상적 도시의 제안은 당시 지식인들에게 큰 충격을 주며 전 세계로 퍼져나갔다. 정원이 딸린 전원주택이나 도시계획을 통한 공원의 배치, 도시를 감싸는 환상형 그린벨트 도입 등이 그 결과다. 정원도시에 열심인 싱가포르는 정원 속의 도시City in a Garden를 넘어 바이오필릭 도시Biophilic City로 달려간다.

정원도시를 가든 시티Garden City로 번역하지만 가드닝 시티 Gardening City가 더 좋다. 서울시가 실천 전략으로 제시한 천만 시민의 '내 나무 갖기 프로젝트'와 녹색 교육을 통한 시민 활동가 확대나 53명의 양천가드너가 구석구석을 변모시키는 양천구처럼 완료형 대신 실천형이자 능동형이기를 바라서다. 이 측면에서 정원도시의 완성은 정원사의 도시Gardener's City 일 것이다. 체계적 시민 교육을 바탕으로 모든 주민이 가드너 가 되어 정원과 도시를 가꾸는 초록한 광경을 상상해본다.

# 여의도공원과 도시의 미래

여의도공원은 아픈 손가락이다. 우리나라 공원 역사에서 가장 중요하면서도 가장 사랑받지 못하는 공원. 공원을 근대의 발명품이라 칭하는 건 권력의 시혜가 아닌 시민의 힘으로 만들어 온 공원의 역사 때문이다. 대통령 결단으로 서울골프장을 어린이대공원으로 바꾸고 공군사관학교를 보라매공원으로 만든 게 그전까지였다면, 여의도공원은 1987년 민주화의 여파로 도입된 지방자치제에 따라, 1995년 최초로 시민이 선출한 서울시장이 만든 첫 대형공원(23만m²)이다. 게다가 권위주의 상징이던 아스팔트 광장을 공원으로 바꾸었으니 시대의 큰 변곡점일 수밖에.

문제는 매력이다. 1999년 개장한 여의도공원 이후 선유도공원과 월드컵공원이 3년 뒤 차례로 문을 열었다. 2005년에는 청계천이 열리고 서울숲도 조성됐다. 불과 수년 차이임에도 다른 공원에 비해 여의도공원의 매력은 떨어진다. 왜? 여의도 공원은 지자체 최초의 대형공원 프로젝트였으나 행정 및 전문가 시스템이 불비했고, 결국 가장 보수적인 작품이 당선된 데다 무분별한 설계변경으로 훼손됐다. 기계적 구획, 관습적 시설, 밋밋한 입체감, 연계성 부족에 프로그램 부재까지. 다행이라면 날 선 비판과 제도 개선으로 이후 공원들은 각기 매력 넘치게 조성됐다. 어쩌면 여의도공원이 제 몸을 불 살러 다른 공원을 살려낸 셈.

지난달 서울시는 여의도공원 북측에 제2세종문화회관을 짓기 위한 디자인 공모를 시작했다. 작년 2월 '여의도공원 아이디어 공모전'에서 관심 높던 공연장 건립을 앞세운 것인데, 여의도공원 리모델링도 동시에 추진한다. 물론 문화시설로 인해 녹지가 일부 훼손될 수 있다는 비판도 타당하다. 하나 문화시설을 계기로 여의도공원이 매력을 되찾고 나아가 여의도와 서울의 미래를 상상하는 시발점이 될 수 있다. 공원을 넘어 여의서로와 한강까지 딛고서는 문화 랜드마크를, 주변으로 확장되는 녹지 체계를, 탄소중립을 향한 공원과 건축과 도시의 미래를 함께 상상해 본다.

# 식물의 정명正名

서울 청계천 산책길에서 화사한 분홍빛 꽃이 하늘거리는 커다란 자귀나무를 마주하니 이젠 여름이라 불러도 충분할 듯싶다. 여름의 어원이 '열음'이니 꽃은 이미 지고 열매를 열어야 하는 계절인 탓에 상대적으로 꽃이 귀한데, 한여름 자귀나무 꽃은 신비롭고 또 매혹적이다. 돌아오다 조계사 뒷길에서 만난 짙은 주황빛 능소화도 뜨거운 여름의 시작을 외치고, 집 근처 서울공예박물관 마당엔 산수국과 노루오줌이 형형색색 한껏 뽐낸다. 모두 여름을 대표하는 꽃들.

참, 노루오줌이라 하면 좀 없어 보일까? 속명인 아스틸베 *Astilbe spp.*라 부르는 게 유행이다. 분홍빛 토종 노루오줌과 달리 색색의 원예종이 개발되어 아스틸베속이라 부르는 것이 원칙이나, 정작 우리 자생종인 노루오줌까지 아스틸베라 부르는 부작용이 생긴다. 부담스러운 단어가 이름에 포함되니 라

틴어 속명을 대신 뭉뚱그려 쓰려는 의도는 이해되지만, 90년 전 조선인 연구자들로 조선박물연구회를 결성해 4년간의 연구 끝에 내놓은 『조선식물향명집』(1937)의 성과를 간과한 결과다. 당시 조선인 식물학자들에게 한글로 된 식물목록과 도감을 편찬한다는 건 간절한 꿈이었다. 일제의 박해를 이겨내며 『조선식물향명집』을 발간하면서 한글 식물명을 정한 방식은 조선어학회가 '한글 맞춤법 통일안(1933)'을 만들 때 표준말을 정하던 방식인 사정査定이었다.

손쉬운 명명命名의 방법이 아닌 실제 민중(언중)이 상용하는 이름을 지역별로 낱낱이 조사해 결정하는 사정査定을 제1원칙으로 삼은 덕에, 우리는 선조들이 지역에서 실제 불렸던 진달래, 얼레지, 민들레 등 아름다운 우리 이름을 이어받았다. 더불어 노루오줌, 쥐오줌풀, 며느리밑씻개, 개불알꽃 등 지금은 조금 불편할 수 있는 것도 받았지만 그 당시 우리 민족의 직관과 해학으로서 존중한다. 여름내 만개한 노루오줌을 통해 가치의 혼돈이 일상인 시대일수록 올바른 이름을 불러주자고 다짐한다.

# 연지蓮池를 기억하는 이유

『한성부 내 연지蓮池 연구』라는 흥미로운 조경학 박사논문을 읽었다. 한양도성 안팎에 존재했으나 지금은 사라진 5개의 연못, 동지東池, 서지西池, 남지南池, 어의동지於義洞池, 경모궁지景慕宮池에 관한 역사적·도시적 맥락이 일목요연하게 담겼다. 궁궐의 정원을 가꾸고 왕실과 관가에서 사용하는 꽃과 과일을 책임졌던 장원서掌苑署가 연지를 관리하며 연꽃 열매인 연방과 연잎, 연근을 진상한 것도 독특했지만, 경복궁 향원정지나 창덕궁 부용지처럼 통제된 구역이 아니기에, 당시 연지는 누구나 즐길 수 있는 특별한 나들이 공간이었다는 점이 흥미로웠다.

공원이라는 근대의 발명품이 도입되기 전, 한양의 나들이 공간은 산과 계곡이었다. 필운대, 세심대, 탕춘대 등 수려한 바위나 수성동, 백운동, 옥류동, 성북동 등 맑은 계곡. 이도 상류층의 공간일 뿐 민초들에겐 인근 천변이나 연못이 겨우 그랬을 터. 동묘역 인근의 동지, 독립문 금화초교터의 서지, 남대문 밖 남지, 종로5가 효제초터의 어의동지, 대학로 마로니에공원 앞 경모궁지는 비록 관에서 관리했지만 민에게 허락된 어쩌면 현대의 공원과 같은 평등한 장소였다. 특히 여름내 물 위로 솟은 우렁한 연잎과 향기로운 분홍빛 연꽃이 환상적인.

게다가 연지는 방재防災의 공간이었다. 못池은 도시에 물水을 담고 또 불火을 다스리기 때문이다. 홍수 땐 물을 담는 저류조고 화재 시엔 방화수조다. 여름을 앞두고 서울시에서 추진 중인 '10cm 빗물담기 프로젝트'도 마찬가지다. 호우 시 산과 공원과 호수에 조금씩 빗물을 더 담아 피해를 줄이려는 노력이다. 양천구에서 재조성 중인 오목공원 잔디마당도 일시적 저류조가 되고, 온수공원에도 저영향개발LID을 적용한다. 슈퍼 엘리뇨까지 언급되며 홍수와 폭염이 교차하지만, 기후위기도 결국 불의 문제이므로 도시 곳곳에 물을 담는 노력이 필요하다. 메워져 사라진 연지를 굳이 기억하려는 이유다.

# 큰 나무 같은 사람, 김종철

지난 주말 조계사에 다녀왔다. 녹색평론 발행인이셨던 故 김종철 선생 3주기 추모회가 열려서다. 선생의 글을 낭독하고 선생에 관한 이야기를 나눴다. 1991년 말 창간한 이 잡지를 만난 건 1992년 생태학 수업에서였다. 조림학을 전공했으나 도시생태학이란 절실한 길을 개척한 교수님은 경제 발전을 유일신으로 숭배하는 사회에서 잠시 멈춰 돌아보자 외치는 이 절실한 잡지의 창간을 들뜬 목소리로 알렸다. 이후 잡지는 내 왼쪽 날개가 되어 삶의 균형추를 맞췄다. 생태주의 잡지라 여기지만 실상 기후 위기를 필두로 기본소득, 이자율, 지역화폐, 숲의 민주주의, 화석연료, 핵, 소농, GMO, 치료용 대마, 생물다양성 등에 대한 논리적·구체적 대안을 시적으로 오롯이 제시해 왔다.

'내 삶에서 뜻있는 일이었다고 말할 수 있는 건 고등학생 시절 선생님의 채근으로 친구들과 학교 근처 개천 옆에 여러 그루의 나무를 심었던 일이다. 나중에 고향 근처를 지나며 크고 그늘 짙은 나무들이 되어있음을 보곤 했다'는 선생의 글이 낭독될 때, 아마 포플러였을 그 큰 나무들이 눈에 선했다. '그 나무들은 땅을 떠나서는 있을 수 없는 우리의 존재의 근거를 환기시켜준다. 또, 한 그루의 큰 나무는 눈에 보이거나 보이지 않는 수많은 생명체를 그 품에서 기르고 보살핀다. (중략) 그러한 나무를 지키고, 섬기는 일보다 지금 더 중요한 일이 있을까?'

마지막 대담에서 이문재 시인은 선생을 큰 나무라 칭했다. 큰 나무는 서로 어깨를 걸어 깊은 숲을 만든다. 어떤 큰 나무도 홀로 숲을 만들 순 없기 때문이다. 그 그늘 아래 뭇 생명들이 자란다. 큰 나무가 스러지면 그 아래 보호받던 어린 나무들이 몸을 키워 자리를 대신한다. 이것이 숲의 법칙이다. 법칙이 무너지면 숲도 무너질 터. 3년이면 탈상이니 선생의 부재를 슬퍼하기보다 우리 각자의 역할을 톺아보아야 할 때다. 다만 여름이 깊어지니 큰 나무의 그늘이 한결 더 그립다.

# 안양천의 거듭된 변신

서울 양천구 '안양천 가족정원' 한쪽에 소박한 물놀이장을 새로 열었다. 어떻게들 아셨는지 첫날부터 성황이라 조금 우쭐했다. 공원은 결국 이용자에 의해 완성된다. 그래서 무플보단 악플이, 파리 날리는 것보단 미어터져 민원을 좀 받는 편이 외려 낫다. 지난달 리노베이션을 마친 가족정원은 9만m² 정도인데 피크닉장, 장미원, 축구장, 실개천, 물놀이장 등 시설이 다양하고 주차장과 지하철역(오목교역) 등 접근성도 좋은 양천구의 대표 여가공간이다. 가족정원뿐 아니라 35km를 흐르는 안양천에서 양천구에 속한 5.4km 구간 35만m²의 고수부지는 그 자체로 양천구에서 가장 큰 공원이다.

간혹 SNS에 안양천 소식을 올리면 비슷한 답글이 달린다. 예전엔 시커먼 강물에 냄새도 지독해 다가갈 엄두조차 못 냈던 안양천이 완전히 바뀌었다는 것. 실제 1990년대까지 안양천은 오염하천의 대명사였다. 쓰레기와 폐기물, 공장 폐수 등으로 생화학적산소요구량BOD이 하수처리장 방류 기준의 18배인 180ppm까지 올랐다. 1987년 서울 안양하수처리장에 이어 1992년 안양 박달처리장, 2006년 부천 역곡처리장을 건설해 하수 유입을 막고, NGO 주도의 '안양천 살리기 네트워크'와 14개 지자체의 '안양천수질개선협의회' 활동으로 2006년 이후 안양천 수질은 크게 좋아졌다.

그러자 주민들이 강변으로 내려와 산책하고 운동하면서 안양천은 빠르게 공원으로 변신한다. 양천구 구간에만 국궁장, 파크골프장, 인라인스케이트장, 야구장, 축구장, 테니스장, 족구장, 농구장 등 체육시설로 빼곡하다. 바늘 하나 꽂을 자리도 없다. 문제는 지자체마다 경쟁적으로 동일 시설을 중복 설치하고, 반복되는 침수로 관리 비용이 증가하며, 이용 증가로 생물다양성이 위협받는 것. 할 일은 해야 하지만, 통합 관리로 중복 투자를 막고, 침수에 최적화된 시설을 고민하고, 보호구역을 확대하는 등 안양천의 거듭된 변신이 또다시 필요한 때다.

# 포용성 있는 공원과 놀이터

밥벌이를 시작하면서 직장 가까운 서울 인왕산 곁에 자리 잡았다. 서울맹학교와 농학교 인근이라 출퇴근길에 장애 학생을 늘 마주했는데, 자연스레 장애인이 녹아드는 풍경에 익숙해졌다. 중간 중간 이사했다 돌아오기를 반복하다가 장애인과 공존하는 동네의 귀중함을 깨달았다. 다양성의 문제였다. 이곳에서 아이를 키우길 소망했고 꿈을 이뤘다. 아이와 함께 장애인을 마주할 때마다 어떤 태도를 가져야 하는지, 만일 도움이 필요하다면 어떻게 접근할지 이야기 나눴다. 아이는 장애에 대해 열린 마음으로 자랐고, 조금 다른 친구와도 마음을 나눈다.

2022년 장애통계연보에 따르면 장애 인구는 264만 명으로 전체 인구의 5.1%다. 20명 중 1명은 장애인인데, 그중 지체장애가 45%, 청각장애 15.6%, 시각장애 9.5% 순이다. 거리에

40명이 지나가면 지체장애인 1명, 200명이 지나가면 시각장애인 1명을 마주하는 게 정상이지만, 대개 집이나 전문시설에 머물기에 만나기 어렵다. 눈에서 멀어지면 마음도 마찬가지라, 나뉘어 배제되고 급기야 잊힌다.

공원도 마찬가지다. 큰 근린공원은 장애인 접근이 어려운 산지형이 많다. 그나마 양천구는 평지형 공원이 많은 편. 신트리공원에 전동휠체어를 타고 바둑을 즐기러 오시는 어르신들이나, 목동가온길 한쪽 낡은 평의자 대신 설치한 모던한 테이블 벤치에 전동휠체어를 세우고 흥겹게 담소하시는 할머니들 모습이 선하다. 접근성과 이용성은 포용성 있는 공원의 첫 단추다.

놀이터도 그렇다. 2004년 장애아동도 함께 놀 수 있는 '통합놀이터'가 제안됐고, 2016년 어린이대공원 꿈틀꿈틀 놀이터를 시작으로 29개까지 늘었다. 하나 전국 7만9천여 개 놀이시설을 고려할 땐 더딘 걸음. 놀이시설 안전관리법과 배리어프리BF 인증 같은 규제 일변도를 뒤흔들 포용성 있는 대책이 시급하다. 모든 놀이시설이 통합놀이터로 바뀌어 오히려 통합놀이터라는 용어가 퇴출될 날을 상상한다.

# 장마와 울음

장마철은 장마철이라 공원을 순례한다. 장맛비가 내리니 맹꽁이가 울어 젖힌다. 온수공원 강월지구를 따라 걷는데 맹꽁이 소리가 구슬퍼 들여다보니, 집수정이 넘쳐 애써 낳은 알과 새끼들이 떠내려갈 지경. 공원의 친구들(자원봉사자)께 긴급 구조 요청을 남기고 길을 재촉한다. 연의생태공원은 빗물을 담는 저류지 공원이라 비만 오면 물이 차 위험하므로 출입을 통제한다. 사람뿐 아니라 자주 나들이 오는 너구리 가족도 무탈할지 걱정이다. 음이 있으면 양도 있는 법, 쇠물닭과 흰뺨검둥오리는 황톳물 가득 찬 저류지가 제 세상인 양 신났다. 지양산 초입엔 땅속이 물이 차 숨 돌리러 올라온 지렁이가 뒤엉켰다. 산속 배수로나 불법 시설물을 돌아보다 보면 문제는 늘 사람 손길에서 시작됨을 깨닫는다.

장맛비가 잠시 그치니 공원마다 매미가 자지러지게 운다. 집

안에 갇혀있던 아이들이 뛰어나오고 움츠렸던 꽃도 기지개를 편다. 지독한 장마로 꽃이 남아나질 않았지만 무궁화와 나무 수국은 장맛비에 굴하지 않고 내내 용맹하다. 회화나무 흰 꽃과 모감주나무 노란 꽃과 배롱나무 붉은 꽃은 여전히 반짝이고, 루드베키아와 알로카시아는 화려함을 감추지 않는다. 장맛비에 움츠렸던 가우라는 꽃을 활짝 펼쳐 폭염을 기다리고, 그 틈에 부전나비와 된장잠자리가 날아오르며 직박구리도 바삐 오간다.

안양천공원이 3번이나 침수된 지난주 내내 기상청 예보와 하천 수위를 지켜보며 마음을 졸였다. 이미 많은 물을 머금은 산자락이 밀려 내려오지 않을까도 걱정했다. 비가 피해 가길 간절히 기도했는데, 서울을 피해 간 장마전선은 대신 아래 지방을 맹폭했고 깊은 상처를 남겼다. 울고 싶었다. 영원히 피해 갈 수 있을까? 나만 살자는 건 함께 죽는 일에 다름 아니다. 산은 산다워야 하고 강은 강다워야 하고 바다는 바다다워야 하고 지구는 지구다워야 한다. 그럼 도시답다는 건? 공원답다는 건? 주말부터 또 비 소식이다. 고민과 걱정은 늘 겹친다.

# 공원의 추억

어느 날 출근하니 직원 하나가 밤사이 모 공원에 시설물이 훼손됐다고 보고했다. 불을 피운 흔적이 있고 그로 인해 바닥이 일부 불탄 것. 새벽에 공원 화장실에 잠입해 변기나 세면대를 파손하는 등 공원 시설을 고의로 훼손하는 경우는 왕왕 있지만 정작 범인 색출은 쉽지 않기에, 큰 기대 없이 경찰에 수사를 요청했다. CCTV를 통해 몇 달 뒤 찾아낸 범인은 동네 고등학생들. 경찰에선 학생들이 반성하고 있고 복구비를 부담한다고 하여, 우리는 소정의 과태료를 부과하며 마무리했다. 후일 한 학생의 아버지와 통화하게 되었는데, 긴 이야기 끝에 아버지도 아들처럼 목동에서 자란 목동 키즈로 같은 공원에서 많이 놀며 사고를 치기도 했단다. 잘못과는 별개로, 아버지와 아들이 한 동네 한 공원에서 추억을 공유했다는 점이 가슴에 남았다.

아이들은 대개 도시에서 태어나고 아파트에서 자란다. 시간이 지나면서 아파트는 재건축되고 시장은 사라지고 거리는 바뀌고 길은 변한다. 이리도 도시가 달라지면 무엇이 남아 추억을 지킬까? 그나마 도시에서 버티는 것이 공원과 산이다. 목동에서 자란 이들을 만날 때마다 양천공원 농구대나 파리공원 분수대 또는 용왕산이나 신정산 자락을 누빈 무용담을 반복해 듣는 건 우연이 아니다. 도시는 변하고 거주지도 옮기지만 공원과 산은 그 자리에 오래 머물며 사람과 자연을 보듬기 때문. 서울 관악산 자락에서 태어나 자랐기에, 10여 년 전 관악산 팀장을 맡아 구석구석을 누빈 3년간도 추억을 되새기는 소중한 시간이었다.

글로벌하게 노마드한 삶을 부러워했던 적도 있지만, 이젠 잘 직조된 지역과 동네의 가치도 빛난다는 걸 알게 됐다. 굽은 소나무가 선산을 지킨다는 말처럼 경제성 없어 보이는 공원과 산이 도시를 지키고 동네를 보듬는다. 추억이라는 것이 우리가 어느 방향으로 얼마나 떠나왔는지 가늠하는 척도라면, 공원의 추억은 신산한 회색 도시에 오롯이 도드라진 따스한 초록 등대다.

# 뿌리 깊은 도시

뜨거운 햇볕을 피해 숲으로 향한다. 그늘진 숲은 도시에 비해 7~8℃나 낮아 한여름에도 서늘하다. 평일 한낮에 그늘 깊은 숲길을 걷는 건 이 직업이 갖는 최고의 특혜. 숲길은 산짐승의 발걸음이 수풀 사이로 길을 낸 뒤 사람이 반복해 걸으며 만들어진다. 사람 발걸음이 무서운 것이, 처음에 풀이 눌리고 낙엽이 부서지며 어렴풋이 자국만 남다가 종국엔 흙이 드러나며 다져지고 넓어져 흙길이 된다. 단단히 다져진 흙길은 흙속으로 물이나 공기가 들어갈 틈이 없어, 평소엔 쾌적하지만 비가 오면 빗물이 스미지 못해 물이 차고 진창이 된다. 또 숲길을 걷다 보면 중간 중간 나무뿌리가 땅 위로 구불구불 올라오는데 이 또한 발걸음의 힘이다. 흙 속에 공기가 안 통하니 숨쉬기 어려워진 뿌리가 부득이 땅 위로 올라온 것.

가로수 뿌리가 무거운 보도블록을 들어 올리는 이유도 마찬가지다. 땅속이 힘드니 땅 위로 올라오려는 몸부림이다. 도로 쪽은 경계석과 우수관으로 막혀있고 보도 쪽은 시멘트 바닥에 블록이 얹혔으니 물과 공기가 통하기 어렵다. 땅속 어딘가라도 숨 쉴 구석이 있으면 다행이지만 여의치 않으니 올라오는 수밖에. 포장을 걷어내 솟구친 뿌리를 절단하고 치료한 뒤 공기가 잘 통하게 통풍관을 묻어주지만 한계도 명확하다.

이렇듯 눈에 보이지 않는 땅속 문제도 중요하다. 낙엽이 켜켜이 쌓여 잘 형성된 숲의 표토층은 다져진 흙길에 비해 10배 이상 물을 저장하므로 홍수를 예방하고, 유기물을 서서히 분해함으로써 숲의 탄소저감 능력을 책임진다. 도심에서도 지하구조물과 조화롭게 물과 공기가 소통하도록 토양을 보전하는 것은 중요한 숙제다. 최근 서울시에서 '녹지생태도심 전략'을 통해 공공형 녹지의 경우 지하 1층을 비워 토심을 3m 이상 확보하도록 했는데, 무척이나 진일보한 조치다. 토양은 나무에게도 또 도시에게도 잘 뿌리내려야 할 토대이기 때문이다. 뿌리 깊은 도시만이 오래 지속가능할 것이다.

# 오목공원과 회랑回廊

서울 양천구 목동 SBS 방송사 앞 오목공원은 박승진 조경가 (design studio loci)의 설계로 리노베이션 공사가 한창이다. 9월엔 잔디마당과 회랑回廊이 문을 열었고, 연말엔 나머지 공간이 재개장한다. 목동 중심에 위치한 가로세로 150m 정사각형 공원의 정중앙엔 1천3백m²의 네모진 잔디마당이 조성되고 그 주위로 가로세로 52.8m, 높이 3.7m의 정사각형 회랑이 들어서는데, 폭 8.4m의 평평한 회랑 지붕 위로도 산책하고 조망한다. 회랑 아래 3개의 자그만 실내 공간에는 꽃과 책과 그림을 주제로 문화 거점이 만들어지고, 나머지는 비워져 누구나 머물 수 있다.

설계공모 과정에서 이 회랑 디자인을 처음 봤을 때, 미래공원의 퍼즐 한 조각이 맞춰지는 느낌이었다. 건축의 한 요소인 회랑이 공원의 주인공으로 변신해 폭염과 게릴라성 폭우에 맞서는 기후위기 시대의 안전 공간이, 늘 머물며 즐기는 문화 공간이, 새의 시선으로 바라보는 전망대 겸 건강한 산책로가 된다. 회랑은 건물이나 정원 등을 둘러싼 통로지만 동시에 비와 햇볕을 피해 머무는 공간이며, 성격이 다른 두 공간을 가르는 경계지만 동시에 느슨히 섞이는 중립지대다. '모든 경계에는 꽃이 핀다'는 함민복 시인의 시구가 떠오르는.

박승진 조경가는 많은 건축가로부터 러브콜을 받는다. 올해 프리츠커상 수상자인 데이비드 치퍼필드의 용산 아모레퍼시픽 신사옥이나 조성룡 건축가가 재창조한 어린이대공원 꿈마루, SOA가 설계한 통의동 브릭웰 등 많은 건축물에 그의 손길이 스몄다. 특히, 브릭웰은 유서 깊은 통의동 백송터와 정교하게 직조된 벽돌 건물 사이에 놓인 수수한 녹지가 깊은 존재감을 내뿜는다.

오목공원은 그의 이름을 앞세운 첫 공원 프로젝트다. 회랑을 중심으로 오래된 미래처럼 자연과 더불어 편안하다. 미래도시에는 어떤 공원이 요구될까 상상할 때마다 머무는 존재의 편안을 첫 손 꼽는다. 오목공원 재개장을 기다리는 이유다.

# 목동 그린웨이Greenway

지난주 '(가칭) 목동 그린웨이' 기사가 중앙지에 여럿 실렸다. 자치구 수준으론 꽤 큰 이슈 파이팅이 된 셈. 목동 그린웨이는 서울 양천구가 목동 1~3단지 주민과 서울시 양측에 제안한 폭 25~32m, 길이 1.5km의 선형공원 성격인 개방형 녹지다. 서울시가 조성하는 국회대로공원 종점인 목동청소년센터 삼거리에서 목동서로를 따라 안양천까지 1.5km를 계획했는데, 목동아파트 재건축에 포함해 만들고 시민에게 개방해 용적률을 회복하려는 중재안이다. 주민과 서울시 양측이 제안을 수용한다면 국회대로공원은 당초 4km 9.2만m²에서 목동 그린웨이를 추가해 총 5.5km 14만m²로 50% 이상 확대된다.

새롭게 들어서는 선형공원의 영향력은 '연트럴파크'라 불리는 경의선숲길을 통해 체득했다. 가좌역부터 홍대입구역, 서

강대역, 공덕역을 거쳐 효창공원앞역까지 6.3km 8만m²의 경의선숲길은 2016년 준공과 동시에 마포구와 용산구를 넘어 서울의 핫플레이스로 도약했다. 특히 연남동 일대의 상권 변화는 호불호를 떠나 천지개벽했다는 표현이 적절할 정도. 상권보다 더 큰 변화는 연결이다. 철도로 단절되었던 이웃 동네는 선형공원으로 이어졌고, 홍대와 공덕동처럼 같은 마포구 관내면서도 멀게 느껴지던 지역이 밀착됐다.

국회대로공원은 1968년 경인고속도로 건설로 남북으로 단절된 양천구와 강서구를 57년 만에 한 동네로 연결하고 동서로 신월-신정-목동을 가깝게 해 그 격차를 줄이며, 경의선숲길보다 더 넓고 푸르고 다채로운 시설로 그 영향력이 남북으로 퍼질 것이다. 다만, 국회대로공원의 한계는 목동 그린웨이가 보완한다. 안양천까지 보행 연결을 해소하고, 신목동역과 오목교역까지 대중교통 연결을 돕는다. 재건축을 통한 거점공원, 연도형 상가, 커뮤니티 공간 등이 선형공원과 만나 도시의 품격을 높인다. 이러한 개방형 녹지는 서울시의 '녹지생태도심 전략'과 맞물려 유망한 대안으로 확산될 새로운 도시혁신의 시작점이다.

# 산불과 기후감수성

지난 8월 미국 하와이 마우이 섬 산불로 8.8km²가 불타며 인명 피해가 컸다. 카나리아 제도의 테네리페 섬 산불도 116km²가 넘게 불탔다. 지난 5월 시작된 캐나다 산불은 6월엔 퀘벡 주를 중심으로 414곳에서 발생돼 3만8천km²가 소실되며 뉴욕까지 연기를 날리더니, 이달 들어 서부를 중심으로 1,000건 이상 확산돼 남한 면적(10만km²)을 훌쩍 넘긴 13만7천km²가 불타는 중이다. 참고로 2019년 9월 발생한 호주 산불은 해를 넘기며 총 18만6천km²가 소실돼 전체 숲의 14%와 야생에 살던 5억 개의 생명을 해쳤다.

점점 뜨거워지는 지구 곳곳은 국지적 폭우가 내리는 한편으로 국지적으로 건조해지며 초대형 산불이 빈발한다. 우리나라도 예외는 아니어서 작년 3월 울진 산불은 열흘이나 이어지며 서울시 면적의 1/3이 넘는 209km²를 태웠다. 올해 4월 발생한 서울 인왕산 산불은 0.15km² 규모였지만 인근 개미마을에 주민 대피령이 내려지는 등 도심도 안전지대가 아님을 드러냈다. 미국이 마우이섬 산불을 100년 만에 발생한 최악의 산불로 평가하는 이유도 명확하다. 기후 위기와 절멸이다. 기후 위기로 1990년 이후 하와이 강우량이 31%나 감소했고 최근 마우이 섬 대부분이 건조해진 상태에서, 태풍으로 끊어진 전선이 촉발한 화마는 강풍을 타고 해안가 마을인 라하이나를 하루만에 절멸시켰다.

기후위기에 대한 수많은 주장과 논거와 애원에도 불구하고 점점 무감각해지는 우리지만, 재난이 인명과 재산을 구체적으로 위협할 땐 이야기가 달라진다. 더위나 가뭄은 어떻게든 피해 보겠지만, 생명과 집이 산불로 불타고 폭우로 소거되는 건 차원이 다르기 때문이다. 한반도를 가로지른 폭우로 많은 생명을 잃은 게 불과 몇 달 전. 재난이 강해지면 배산임수인들 버틸까? 결국 기후감수성의 문제다. 기후위기는 이미 우리의 현재이며 오래 함께 할 미래임을 인정하는 것이 그 시작이다.

# 슬기로운 공원생활

분노가 치솟는 사건이 이어진다. 사회적 분노가 원인으로 지목된다. 분노로 인해 분노가 치솟는 분노할 상황. 불현듯 공원엘 간다. 잘 안 풀리거나 내다보이지 않을 때, 몸이 찌뿌둥하거나 날이 우중충할 때, 또 분노가 일 때 공원에 간다. 물론 아무 이유 없이도 공원에 간다. 그때마다 공원은 위로하며 과도하게 부푼 감정과 왜곡을 가지치기 해준다. 공원은 도시에 속하면서도 도시와 다르므로 가치 있다. 공원은 고요하며 여유롭고 느슨하며 평화롭다. 공원은 옛 소도처럼 치유력을 가진 도시 속 바깥이다.

공원주의자에게 공원은 숙명이다. 3년째 회사 앞 양천공원을 출퇴근길에 가로지르고, 오후마다 이 공원 저 공원을 무시로 오간다. 주말에 집을 나서면 이상하게 모든 길이 공원과 광장으로 통하고, 해외에서도 종일 공원과 정원과 광장을 걷는다. 공원에는 늘 추억이 넘친다. 공원은 아이가 집을 떠나 처음 만나는 큰 세상이다. 여기서 걷고 뛰고 놀고 공 차고 자전거 타고 농구하며 자란다. 아이는 어른이 되어 공원에서 다시 아이를 키우거나 문득 노인이 되어 공원을 걷거나 머문다. 사람은 바뀌지만 공원은 그대로다. 공원의 시간은 도시와 달리 흐르므로 추억이 오래 머문다. 또 공원마다 너그러움이 있어 어떤 사람이건 동식물이건 배제되거나 소거되지 않는다. 공원은 도시와 자연의 경계에서 모든 존재를 포용하면서 꽃피운다.

좋은 공원에는 따스한 햇살과 시원한 바람과 깊은 그늘과 건강한 땅과 시원한 물이 있다. 또한 걷기 좋은 길과 편안한 의자가 있다. 나무와 꽃과 풀이 곤충과 새와 동물과 함께 살고, 이 모든 걸 사람들이 돌본다. 말 그대로의 생활生活. 공원은 요술방망이가 아니다. 치열한 경기 중에 잠시 물러앉은 벤치 같은, 추억이 쌓이고 서로에게 너그러운 도시의 빈틈이다. 분노 속에서도 산책하고 자연을 접하며 웃음을 잃지 않음으로써, 변화를 이끌고 위기를 극복하는 슬기로운 공원생활을 권한다.

# 마감의 힘:
# 공원주의자의 칼럼 게재기

2022년 3월 2일부터 2023년 8월 30일까지 1년 반, 18개
월이니 총 79주 동안 매주 국민일보에 '살며 사랑하며'라는
200자 원고지 5매(정확히는 본문 기준 940자) 분량의 짧은 글을
썼습니다. 페친이라 살짝은 알았으되 교류는 거의 없던 한 기
자분께서 2월 초 갑자기 연락을 주셔서 (그간 페북 등을 보시곤)
해당 신문사 논설위원실에 새로운 필자로 추천해주고 싶다
하시더군요. 부끄러움을 억누르며 우선 덥석 감사하다고 말
했습니다.

공원은 조경 분야에서도 일부분이고, 조경 또한 건축이나 도
시, 토목, 하천, 산림, 생태 등 범 토건 분야를 아우를 때 마이
너한 분야입니다. 관련 잡지나 전문지에야 여러 훌륭한 필자
가 있으시지만, 소위 메이저라 부르는 중앙 일간지에 정기적
으로 글을 쓰시는 공원이나 조경 분야 필자는 수년째 한겨레

신문에 멋진 칼럼을 쓰시는 배정한 교수님(서울대학교 조경학과)을 제외하곤 별로 떠오르지 않더군요. 결국 공원에 관한 지면은, 즉, 사회적 발언권은 거의 없는 셈이죠. 그런 상황에서 작지만 매주 지면이 주어진다니, 제 역량은 차치하고라도 거부할 순 없었습니다. 2020년 첫 책인 『2050년 공원을 상상하다』를 발간하면서 세웠던 '앞으로 사회가 요구하는 역할이라면 무조건 받는다'라는 목표와도 부합했지요.

요청을 수락하는 순간부터 걱정은 쏟아졌습니다. 일단 앞선 필자들 글을 몰아 읽었죠. 그러고 나니 '살며 사랑하며'라는 꼭지는 전문성 있는 칼럼이기보다 생활에서 느끼는 걸 매력적으로 표현하는 수필에 가까웠습니다. 필력은 현저히 부족하므로 부득불 현장의 생생함으로 메우는 전략은 필연이었죠. 현장이라면 깨어있는 시공간 대부분이 현장이었기에 좀 자신이 있었습니다. 선유도공원, 마로니에공원, 탑골공원, 여의도공원 등 서울시내 유명짜한 공원들도 있고, 무엇보다 근무지인 양천구에는 이야깃거리가 무궁무진했습니다. 양천공원, 파리공원, 오목공원 등 목동 중심축 5대공원을 비롯, 연의공원, 안양천, 계남공원을 비롯해 아직 공사 중인 국회대로 상부공원이나 (가칭) 목동 그린웨이까지. 또 공원 현장에 설치되는 시설, 즉, 책쉼터나 키즈카페, 정원, 텃밭, 분수대, 놀이터, 흙길, 의자 등을 비롯, 현장에서 벌어지는 행위, 즉 정원박람회, 빛축제 등 각종 페스티벌과 녹색치유, 숲해설, 미술, 놀이 등등. 마지막으로 공원의 주인인 동식물들, 너구리, 미루나무, 새, 꿀벌, 잔디, 플라타너스 등등... 문제는 현장의 이야깃거리만으로 글을 완결할 수 없었습니다. 흔히 메시지라 부르는 핵심 결론이 있어야 하니까요. 결국 한 줄 결론을 향해 사례와 사연을 엮은 초록빛 이야기를 매주 천형天刑처럼 써내려 가야 했습니다.

글은 매주 수요일 자 신문에 게재되므로 마감 시각은 화요일 오전 10시였고 늦어도 월요일까지는 끝내야 했죠. 하나 직장인에게 월요일은 부담스러운 업무가 산적한 날이라 무조건 일요일 밤까지 원고를 마무리하려 했습니다. 그러려니 토, 일요일은 원고에 꼬박 매달려야 했죠. 덕분에 1년 반 동안 주말에는 다른 일정을 거의 잡지 못했습니다. 잠시 행사나 만남을 하다가도 금세 돌아와 원고에 매달려야 했죠. 두세 번 주말에 여행을 간 것도 원고 주제와 연결될 수 있을 때만 움직이는 정도였습니다. 처음에는 토, 일요일을 꼬박 매달렸는데, 2년 차가 되니 토요일 한나절 정도는 조금 여유가 생기더군요. 하지만 일요일 밤마다 매번 괴로움에 떠는 것은 결코 헤어날 수 없었습니다. 저만 괴로움에 떨까요? 제가 매주 스트레스 받으며 긴장 상태로 집에 머무는 덕분에 가족도 함께 괴로웠습니다. 특히, 일요일 저녁마다 초고를 읽고 냉정한 평가까지 해야 하는 아내는 더 괴롭지요. 지면으로나마 가족에게 깊은 감사를 전합니다.

월요일 아침에는 조금 일찍 출근해서 마지막으로 퇴고推敲를 합니다. 모니터로 내내 보던 걸 몇 번 출력해서 읽고 수정해 최종적으로 원고를 발송하면 한 주의 마감은 끝납니다. 물론

한 번도 맘 편히 이메일을 보낸 적은 없습니다. 단지 시간이 되었으므로 보낸 것이지요. 그러니 제게 맘 편한 때는 메일을 보낸 후인 월, 화요일뿐이었습니다. 화요일은 신문사의 시간이죠. 제 꼭지는 삽화가 포함되는 형식이라 신문사에 속한 전속 작가분이 그날그날 원고를 바탕으로 멋진 삽화를 그려주셨습니다. 화요일 오후에는 논설위원실 분들이 모여 다음 날 게재될 원고를 읽고 논의하는 과정을 거친다고 하더군요. 문맥과 논지가 엉뚱한 경우 연락을 주셔서 수정한 적도 간혹 있었습니다. 발행일인 수요일이 되면 출근해서 신문을 스크랩합니다. 사진도 찍어 SNS에도 올리고요. 많지 않지만 댓글을 읽으며 절망하기도 합니다. 하지만 끝은 다시 시작이죠. 수요일부터는 다음 원고 주제에 대해 고민을 시작해야 합니다. 늦어도 금요일까지는 원고 주제를 정해야 책이나 자료를 찾거나 읽어볼 수 있을 테니까요. 그러다 보면 다시 마감일이 다가오지요.

이렇게 한 주, 한 주씩을 반복하며 많이 단련되었습니다. 가장 먼저 뻔뻔스러움이 늘었습니다. 겸손한 글쓰기는 글이 한

없이 길어집니다. 단정적인 표현이 늘 고민되었지만, 940자의 글에서는 겸손을 줄여 글을 짧게 정리해야만 했지요. 두 번째로 세상의 많은 소식에 귀 기울이게 되었습니다. 마이너한 분야이니 한동안 귀를 닫고 지내도 대개는 큰일이 일어나지 않습니다. 하지만 급변하는 세상을 모르쇠하며 매주 대중에게 보여지는 글을 쓰는 건 불가능했지요. 처음에는 여러 가지 이슈를 나열해서 하나씩 써나가면 되겠지 하며 안이한 마음을 가졌지만, 첫 한 달 만에 두 손 들었습니다. 예민하게 눈과 귀를 열고 한 주, 한 주 새로운 이슈를 찾아내야만 했습니다. 일반적인 책 쓰기와 칼럼 쓰기는 전혀 다른 영역이더군요.

'강철은 어떻게 단련되는가?'라면 담금질이 답이고, 글을 쓰는 이에겐 '마감'입니다. 1년 반 동안 일흔아홉 번의 마감은 제 삶에 큰 힘이 되었습니다. 가히 쓰는 자가 살아남는 적자생존의 시대이니, 초록빛 이야기는 계속될 것입니다.

# 공원주의자

도시에서 초록빛 이야기를 만듭니다

**초판 1쇄 펴낸날** 2023년 12월 5일
**지은이** 온수진
**펴낸이** 박명권
**펴낸곳** 도서출판 한숲 | **신고일** 2013년 11월 5일 | **신고번호** 제2014-000232호
주소 서울특별시 서초구 방배로 143, 2층
**전화** 02-521-4626 | **팩스** 02-521-4627 | **전자우편** klam@chol.com
**편집** 남기준 | **디자인** 팽선민
**출력·인쇄** 한결그래픽스

ISBN 979-11-87511-43-4  93520
* 파본은 교환하여 드립니다.

값 12,000원